鳥獸

鳥獸

鳥獸篇

成語動物學

閱讀成語背後的故事

前國立台灣大學昆蟲學系名譽教授

朱耀沂——著

目錄

第二篇 鳥類

推薦序

讓好奇的人類 知其然 也知其所以然

閱讀朱教授的這本《成語動物學》，猶如在逛一種另類的動物園，裡面包羅萬象，不一而足，舉凡牽涉到蟲魚鳥獸的成語，大都囊括其中。而講到動物園，不禁讓我想到《好奇的人類》一書的作者萊歐·華生。身為動物行為學博士又曾任動物園主的他，依其獨到的敏銳觀察力將動物歸為兩大類型：獅型動物天生慵懶，在牢籠中天天睡覺，無所事事；虎型則無法忍受怠惰，是個機會主義者，關在籠中顯現不安，四處踱步。華生發現人類的特性也屬於虎型，推論由於人類早期的生活環境需要密集而主動探索，導致現在很容易就有行為氾濫的傾向，不斷在生命過程中尋找更為複雜的表達形式。

成語的使用與發展，正符合上述所謂「好奇的人類」所做的複雜而傳神的表達。這些言簡意賅的成語，背後都隱藏著一些故事，然而，隨著時間的流轉，許多原意漸漸流失，我們往往使用時只知其然，卻不知其所以然。於是，「好奇的人類」又會想進一步了解事物的來源，探究背後的成因，我想這也是促成此書的潛在因素之一。坊間有許多闡釋成語故事的書籍，其中多數著重於說明背景的歷史故事，偏向人文方面，即使是解釋到涉及自然方面的成語，也多圍繞在現象面的說明，至於其背後究竟有何道理，就像是失落的一環，而此書剛好補此缺憾。

拜讀朱教授這本《成語動物學》，無異是開了眼界！這才驚覺有關動物的成語竟有如此之多，朱教授整理出兩百多則，仍在後記中慨歎有遺珠之憾。全文分上下冊出版，第一冊為〈鳥獸篇〉，第二冊則為〈蟲魚傳說動物篇〉。在書中，朱教授不僅說明這些成語的背後起源，引述歷史故事或經典文句出處，同時以他的科學專業，進一步敘述這些動物的相關生活習性與行為等，旁徵博引，豐富有趣，全書可謂是以成語為貫串主軸的動物學百科。此外，書中有時還會與國外類似的成語互相對照，例如「一箭雙雕」與「一石二鳥」，一中一西各自發展出相同的意涵，形成東西文化相互輝映的異曲同工之妙。更棒的是，朱教授在書中穿插了很多自己手繪的可愛動物圖，不得不令人佩服這位左右腦都發達的學術界奇人。

朱教授是昆蟲界的大師，我雖然從沒能真正修過老師的課，但是受益於他很多，可謂是私淑弟子。而認識的人都知道他知識淵博，實為一位博物學家，相形於他所知道的學問，昆蟲知識真只能算是「雕蟲小技」，讀者可以從他此書及已發表的作品窺知。而此書內容橫跨文史，又讓我見識到朱教授的功力。我懷疑朱教授或許以為我在大學時，由文學院歷史系轉到昆蟲系，可能較有文學造詣與歷史知識，因此給我這機會寫序，完全沒有考慮我可能只是個「紙紮老虎」或可能「梧鼠技窮」！也或許他是想藉此機會展現實力，果然他成功了，拜讀此書，我對朱教授的敬佩又加三分，五體投地，只好「鸚鵡學舌」也來舞文弄墨一番！然寫此序言，相對於書中豐富的內容，令我感到捉襟見肘、相形見絀，加上時間匆促，「狼吞虎嚥」地讀完全文，序言寫來還真有「狗急跳牆」之感。但是答應老師在先，縱有「騎虎難下」之窘境，也非效此「犬馬之力」不可。希望此序文不致「狗尾續貂」，在老師退休後的系列精采書籍與眾多前輩的序言佳作之後，因我而壞了水準。不過私心想來，拜老師之大名為他寫序，或許我日後可以因此而「狗仗人勢」、「狐假虎威」，招搖一番！

以上借用本書的一些成語，雖有濫用之嫌，唯望讀者包涵。有興趣的話，可進一步由本書查到典故與說明，欣賞朱老師如何以博物學家的觀點述說成語故事，滿足我們這些「好奇的人類」。

國立中興大學昆蟲學系教授　楊曼妙

各界專業名家推薦

在《成語動物學》中，朱耀沂教授跳脫了以往成語釋義的窠臼，從科學的觀點提出了新的問題或看法，再結合許多有關動物形態、生理、行為、生活史的發現與分析，進而提出新解，並且適時地引出許多保育的理念。每則成語不過一千餘字，從引言、提問、分析到總結一氣呵成；引述的動物資料豐富多樣，分析的條理清楚易懂，而且文字生動有趣，讓人忍不住循著每則成語一路看下去，為精采的內容拍手叫好。

——臺灣大學生態學與演化生物學研究所教授　李玲玲

對學生來說，由於盛傳升學作文測驗時多用成語會加分，對大人而言，談話中引用成語也具有會心一笑的樂趣，因此這些年坊間的成語書出版得很多，但是朱教授這本《成語動物學》是一本絕對令你驚豔的作品，從書中我們不只認識成語的典故，還以生動的文筆將傳說、科學及保育觀念融合在一起。這本書不但能增加我們閱讀寫作與言談的能力，更可以是我們認識自然生態與開啟我們進入自然的行動契機。

——荒野保護協會榮譽理事長　李偉文

比喻是一個重要的修辭法，採用植物的特性或動物的行為與習性，及其與人類的關係的成語，可充分表達我們心中的最精微與深層的意涵，也更能引起我們的共鳴。本書解說動物成語的科學問題，可進一步了解比喻的妙語。

——生態學家　金恆鑣

假如讀成語能像逛動物園一樣，那有如在鬱鬱叢林深處與野生動物相遇的驚喜，只有閱讀朱耀沂教授的《成語動物學》方有如此感觸。透過朱耀沂教授的博學，他細心解說鳥獸蟲魚相關的成語故事，更能體會我們中文用語的精緻表現，成語結合動物學是百科辭典中的百科。

——東海大學大渡山學會榮譽講座教授　林良恭

這本《成語動物學》是由治學嚴謹的動物學家朱耀沂教授，以現代的動物科學論據，來重新詮釋我們耳熟能詳及常運用的成語，賦以這些成語新而正確的論點，讓我們對諸多動物有更深入與廣泛的認知，可謂是一本現代的「新鳥獸蟲魚疏」，值得一再詳讀。

——前台北市立動物園園長 陳寶忠

朱耀沂教授是有名的昆蟲學家，他的博學多聞和興趣寬廣在學術圈中更是眾所周知。朱教授以他深厚的專業基礎，以及他對大自然廣泛的知識，深入淺出地帶領讀者了解與動物相關的成語的由來，解釋了其中的意涵，並進一步討論與成語內容相關的當今社會或環境現象。此書應該是每戶必備的參考書或課外讀物。

——前中央研究院生物多樣性研究中心研究員 劉小如

作者序

為動物成語驗明正身

略為認識我的人一定會很驚訝，我現在竟然搞出《成語動物學》這種玩意來，因為我國語程度之差是很有名的。最近四、五年我寫了數本書，其資料來源大多來自我在台大任教期間，抽空蒐集的文獻。為了引證內容的正確性或補充一些內容，退休後這幾年我又蒐集了不少的資料，在涉獵各種報告或編寫的過程中難免會看到一些成語，其中以動物為題材的為數不少，對昆蟲以外的動物也感興趣的我，看了這些成語總有另番感受，有些成語從自然科學的角度來看，言之有理，讓研究昆蟲或動物的人會心一笑，但有些則是穿鑿附會，距離科學事實甚遠。

我翻了兩、三本成語辭典般的書籍，一看，奇哉！有四千餘年歷史文化的中國，創造了一堆成語與俗語，認真地算少說也有上萬則，其中出現動物名的不下一千則。一向對中國文學（或說任何文學）淺學的我，對書中大多數的成語都很陌生，有不少看了說明還是不懂其意，但有些看了心中別有一番滋味，我選擇了二百零七則冠上動物名的成語或諺語，寫下我個人的解讀或感想。

其實坊間成語辭典、故事之類的書籍已出版好幾十種，大多由中文專家所執筆，裡面偶爾可以看到一些動物成語有動物學者的附註說明，但不外是對該動物的一般介紹，說明流於表象。例如「飛蛾撲火」，只就蛾的外形、習性做一般性的說明，未介紹蛾為何撲火，甚為可惜。其實若能說明蛾為何要撲火、撲火的習性從哪裡來，對這則成語的認知將更加精確，也更能讓讀者領略其中意趣。因此我不顧自己中文之淺薄，興起為動物成語「驗明正身」的念頭，雖然這樣做根本是蚍蜉撼樹，然而在逐一解讀成語的過程，我深深被文字表象下的自然智慧吸引，沉浸在追根究柢的樂趣中。

在蒐集資料的過程裡，我發現歐美社會中也使用不少動物成語。對於一些動物的觀感，東、西方皆然，例如以老鼠形容膽小，以狐狸形容狡猾，以驢形容愚笨、頑固等；但對某些動物則有不同的看法。例如，在東方，老虎既代表勇敢、威武、雄壯，也被視為殘忍、兇惡；但西方對老虎似乎只有負面的評價，對獅子反而有正面的肯定。這使我想起英國作家吉卜林（Rudyard Kipling）的名句：Oh, East is East, and West is West, and never the twain shall meet.（東方是東方，西方是西方，兩者永不相遇），不禁莞爾。我想，正因為有各種不同文化背景的人，生活在這個地球上，對事物有不同的詮釋，這個世界才會呈顯如此繽紛的樣貌、多元的價值觀！

第一篇

獸類

【洪水猛獸】

暴漲的大水和凶猛的野獸；比喻劇烈的禍害。

這則成語出自《孟子．滕文公下》：「昔者禹抑洪水而天下平，周公兼夷狄、驅猛獸而百姓寧。」明代朱熹如此注釋：「邪說橫流，壞人心術，甚於洪水猛獸之災。」

說起洪水，最著名的莫過於《聖經．舊約．創世記》裡促成挪亞造方舟的大洪水。有意思的是，世界上許多古老的民族或文化都有關於洪水的傳說，例如蘇美人、希臘人、印度人、中國人、馬雅人等，就連台灣的布農族和排灣族也有關於洪水的神話。這些洪水傳說或因地理環境、民族性而有所不同，但共同的特色是「代表天譴」。洪水都是因人類道德敗壞而起，所以上天（神）降下大水來消滅人類，只有極少數善良的人才能存活。為何都有洪水？目前尚無定論，但不少學者相信，遠古時代世界各地確曾發生過大水災。

至於猛獸，凶猛的定義雖因人而異，但只要被視為猛獸的，不管是現存的、曾經存在的或神話中的，多半體型巨碩、力大無窮，不是有尖牙，就是有利爪，令人聞之色變。不過，在這裡我想到的是旅鼠（lemming）。或許有人會提出異議，覺得牠身材矮小，外型一點也不慓悍，和我們既定的猛獸形象相差甚遠，但當牠們大發生，如洪水蓋地般席捲而來時，大家就知道牠們有多威猛了。

旅鼠生活在歐亞、北美大陸的凍土地帶，體長十～十三公分，尾巴很短，只有三公分長，看來矮胖，以植物維生，雖然分布在寒冷的北極圈內，但牠們冬天不休眠，在積雪下挖隧道地洞生活。由於積雪有斷熱作用，牠們的棲所比外面溫暖多了，而且隱蔽在積雪下，較少遇到鼬等害敵的攻擊；到了初春融雪期，為了避免棲所被融化的雪水給淹沒，牠們會遷移到較高的地方。

旅鼠的繁殖能力很強，母鼠一年可以生產三次，每一次生產的隻數不同，少則三、四隻，多可達十一隻，幼鼠出生後五週左右就有繁殖能力。平常的棲息密度是每公頃（一萬平方公尺）三十～五十隻，但有時增加十倍，甚至達六百倍，即三萬隻之多，也就是每平方公尺中有三隻。當棲息密度過高時，牠們開始作長距離的覓食旅行，旅鼠的名字就是這樣來的。大遷移前，旅鼠顯得異常興奮焦躁，吵嚷不休，體色也由隱蔽的灰黑色，變成目標明顯的桔紅色。牠們先是到處亂竄，接著慢慢凝聚成大群，然後為數幾十萬、甚至上百萬隻的旅鼠，如洪水般地向前衝，狂奔到斷崖投身自盡，或者衝向大海集體自殺，聲勢之驚人、氣焰之囂張，令人畏懼。

十六世紀，瑞典的大司教馬格納斯（Magnus）如此記述他對旅鼠的觀察：「旅鼠生於雲霄中，每三年一次隨豪雨降到地上，小鼬類捕食旅鼠，因此發育得特別好，是皮革商人的一大福音。」當然，當時科學不發達，才有「旅鼠生於雲霄中」的說法。二十世紀以後，由於動物生態學調查的勃興，人們對於旅鼠的大發生已有比較正確的認識。根據一九七〇年代的調查資料，旅鼠大發生平息後，經過三年平靜的低密度期，到了第四年，旅鼠的密度又開始增加，一年後達到最高峰。換句話說，旅鼠大約每五年大發生一次。

旅鼠為何會有如此週期性的大發生？是否和氣候有關？雖然氣候條件變化多端，深深影響動植物的發育、繁衍，但氣候不會以五年為週期，作規律性的變化，而且比對旅鼠大發生的過程與氣候因子的變化，也找不到明顯的關係。相較之下，從旅鼠的取食行為來探討，似乎是較合理的方向。

平常旅鼠對棲息地植被的取食率，即破壞率，不過是百分之五至百分之十，這樣的取食量對植被影響不大，但隨著旅鼠繁殖密度的升高，植被遭受破壞的比率也增加，嚴重時竟高達百分之九十，此時凍土幾乎看不到綠色，為了覓食，旅鼠不得不開始大遷移，而在一大群旅鼠的後面，往往跟著狐、鼬、烏鴉等捕食者。這種超高密度引起的惡劣生活條件，不僅讓旅鼠的繁殖率降低、幼鼠的死亡率升高，甚至引起一些流行病的猖獗，進而終止這次的大發生。遭遇旅鼠肆虐的凍土地域植被，大致要四、五年的時間才能恢復原狀。

長久以來，人們對旅鼠為何遷移到斷崖、海邊集體自殺，感到好奇。一些動物生態學家認為，主要是鼠口過剩導致的食物不足，讓它們產生一種危機感，激發牠們長途跋涉奔向大海的本能。不過牠們並非全員出動，為了種族的延續，少數旅鼠會留在原地，負責繁殖的工作。

談到洪水般的老鼠，也讓人聯想到德國民間故事「吹笛人」，亦即《格林童話》裡收錄的〈漢梅林的孩子〉（Die Kinder zu Hameln），一八四二年英國詩人羅伯特．勃朗寧（Robert Browning）的著名長詩〈吹笛人〉（The Pied Piper of Hamelin），也是根據這個故事寫的。

傳說在鼠害肆虐的一二八四年，有一天，漢梅林鎮上來了一個外地人，他自稱是捕鼠高手，能趕走村裡所有的老鼠。果然當他奏起笛子，成千上萬隻老鼠便跟著他走，不知不覺走進河裡淹死了。但是村民卻不願履行先前給他重酬的承諾，吹笛人憤怒離去。幾星期後的六月二十六日，他回來了，趁著鎮民在教堂聚集時，他吹起笛子，用美妙的笛聲引誘小孩離家出走，共有一百三十個小孩被誘騙到山洞裡，活活餓死。另一個較仁慈的結局是，村民最後付給吹笛人酬勞，救回被困的小孩。

這事是否真的發生過，不得而知，但有人認為那些孩子代表當時自願移居東歐的年輕人，也有人認為它影射的是一二一二年的「兒童十字軍東征」。無論如何，吹笛捕鼠的情節，和中世紀歐洲各地老鼠為患，籠罩在黑死病的陰影之下有關，忠實反映了當時的社會生活。而漢梅林也因為「吹笛人」的故事，成為德國最傳奇古樸的觀光小鎮。

其實，任何動物只要數量超過平常許多倍，都會引起周邊生態環境的改變，帶來恐慌。任何事物直接危害到人身的安全、健康或心靈，何嘗不是令人聞之色變的「洪水猛獸」呢？

【珍禽異獸】

稀有奇異的飛鳥和走獸。

到底什麼樣的動物可以叫做珍禽異獸？其實每種動物都有牠獨特的身體構造和生活習性，否則怎會被認定為相異於其他動物的「種類」，但我們通常都把焦點放在形態或生態特異、棲息數極少的種類。

分布在澳洲的鴨嘴獸，可以說是大家公認的異獸。十八世紀，當歐洲的動物學者初次看到鴨嘴獸標本時，還認為這是利用鴨頭和一些哺乳類動物的部分身體，所造出的假標本。他們的懷疑是有道理的，因為鴨嘴獸具有鴨嘴般的嘴喙，四肢的趾間有水鳥般的蹼，但又不是鳥，因為沒有翅膀；牠會產下外殼軟軟、直徑不到二公分的蛋，這點接近爬蟲類，但卻又有哺乳類動物的乳腺，由於沒有乳頭，乳汁直接從胸毛溢出，讓嬰獸吸食。就是上述這樣「曖昧」的特徵，讓鴨嘴獸被歸類為最原始型的哺乳類動物。

鴨嘴獸體長約四十五公分，體重約二公斤，體型不算大型，卻是個大胃王。在一次試驗中，體重一．五公斤的鴨嘴獸一天竟吃掉五百四十隻蚯蚓、三十隻蝦、二百隻麵包蟲、兩隻小青蛙及兩個雞蛋。

由於鴨嘴獸排便、排尿、生產都用同一個出口，即總排泄腔，這又跟鳥類、爬蟲類一樣。因此，分類專家特別在哺乳綱中，為鴨嘴獸設了「單孔目」一目。單孔目有一科五屬五種，其中鴨嘴獸僅佔一科一屬一種。相較於老鼠所屬的囓齒目，共有三十科、三百九十四屬、一千七百零三種之多，即知鴨嘴獸是如何「異形」的異獸了。

此外，牠們也是哺乳類動物中具有毒腺的特殊種類之一，少數種類的尖鼠也具有毒腺。鴨嘴獸雄性後腳跟的角質腳距，會分泌含有四種毒素的毒液。這種特殊的毒距，是牠自衛及與別隻雄性爭奪領域時的祕密武器。人們不幸被它刺到，會出現嚴重的刺痛感和腫脹，雖然尚未傳出毒死人的案例，但已知有狗因此喪命。

具有感受電流的能力，也是鴨嘴獸很特別之處。鴨嘴獸的吻部表面有一些小孔，孔內有能感受電流的神經，利用這種微妙的感測器，鴨嘴獸能掌握生物體所發出的微弱電流，作為覓食時的線索，以捕獵小蝦、螯蝦、水棲昆蟲維生。因此牠在水中游泳時，會頻繁地左右搖動鴨嘴，尋找生物電的來源。研究人員曾做過一項試驗，在鴨嘴獸游泳的大水槽裡，放入乾電池，結果發現，原本離乾電池二十公分遠的鴨嘴獸，感受到電流，立刻游向電池，想要吃它。光從這點來看，就知道鴨嘴獸列為「異獸」，是當之無愧的了。

談到珍禽，我想到的是多多鳥（*Raphus cucullatus*, dodo bird，又譯作度度鳥、渡渡鳥），牠有些像火雞，體重可達十二公斤以上，但與鴿子類緣關係較近，同屬於一目，曾分布於印度洋的模里西斯島（Mauritius），在一五〇五年被葡萄牙人發現，一五九九年首度被運到歐洲。由於牠不能飛翔，且動作緩慢，葡萄牙人叫牠「魯鈍人」（dodo），多多鳥的名字就是從這裡來的。

多多鳥原本棲息在模里西斯及其附近島嶼，取食當地特產植物大卡樹（*Calvaria major*，又譯作大頂樹）的種子、果實等維生。由於島上有豐富的食物，又沒有什麼天敵，多多鳥安穩地生活著，逐漸失去飛翔的能力，行動也變得遲鈍，不過自從葡萄牙人踏上模里西斯後，多多鳥遭逢巨變，開始走向滅絕之路。因為葡萄牙人爭相獵食「肉質鮮嫩」的多多鳥，不僅如此，他們帶上島的狗、豬也嗜食多多鳥的卵與雛鳥，就這樣多多鳥在葡萄牙人登陸後不到兩百年的時間就絕種滅跡，只留下一隻剝製標本、數片骨頭及一百多張圖片，供後人憑弔、拼湊有關牠們的歷史真相。

前面提過，多多鳥的主要食物是大卡樹的種子、果實。這種果實直徑約五公分，皮薄，果肉柔軟多汁，種子外層包覆著厚達一．五公分的種皮，多多鳥取食後，會先在牠的砂囊磨碎種皮，再經消化管的消化。原來，多多鳥的砂囊裡面滿布石子，可以將食物堅硬的部分磨碎；種子隨著多多鳥的鳥糞排出，不久即萌芽。自從多多鳥滅絕後，三百年來島上的大卡樹種子不再自然發芽，目前只見樹齡三百年以上的老樹。

如此看來，一種動物的消失，對生態系的衝擊往往是全面的，不止於已消失的那一種。生物界有它微妙的生態平衡，人類不能為所欲為，否則將自食苦果，再普遍常見的飛禽走獸，也有可能變成寥寥可數的「珍禽異獸」。

【沐猴而冠】

獼猴生性急躁，不能像人久著冠帶。用以譏諷徒具衣冠而沒有人性的人。又作「木猴而冠」、「沐猴冠冕」、「沐猴衣冠」、「衣冠沐猴」。

【相似詞】衣冠禽獸、衣冠梟獍、馬牛襟裾、牛馬襟裾。

這則成語出自《史記卷七．項羽本紀》：「人言楚人沐猴而冠耳，果然。」原是用猴子比喻楚人性情暴躁，後來用來形容人虛有儀表，不脫粗鄙的本質。

根據《史記》的記載，項羽帶兵攻入咸陽，殺了秦二世孺子嬰，燒燬宮殿，取了許多財寶準備離去。有人建議他：「關中這個地方很險要，土地肥沃，可以建都稱霸。」項羽見宮殿已付之一炬，又想著趕快還鄉，便回答：「人富貴了不回家鄉，就像穿著錦衣華服在黑暗中行走一樣，誰會知道呢！」勸說的人嘆道：「人家說楚國人像性急的獼猴學人穿戴冠帽，成不了大事。果然不錯。」當然，這樣的形容也帶有地域上的偏見。

猴子穿上衣服會是何番情景？給人何種感覺？在馬戲團等一些利用猴子作秀娛人的場所，可以看到「衣冠沐猴」，說牠可愛也好，說牠滑稽也好，人們很少會給牠負面的評價，因為動物就是動物，並不指望牠像人，雖然如此，當牠們的行徑和人有一絲相似之處，人們總投以會心的一笑。不過話又說回來，活潑好動的猴子，雖然智力頗高，有靈性，具有一定程度的學習能力，討人喜歡，但人若被比喻成猴子，可就不好玩了。

提到衣冠沐猴，不能不提《西遊記》的美猴王孫悟空。吳承恩的生花妙筆，讓這隻虛構的猴子成為古今中外最著名的傳說「動物」之一。在孫悟空身上，看得見民間英雄的許多特徵：無父無母，身世坎坷，不拘小節，神通廣大。無獨有偶的，在印度史詩《羅摩衍那》（*Ramayana*）中，也有一隻神猴哈奴曼（Hanuman），牠擁有四張臉和八隻手，是猴國的大將，在空中一躍，即可從印度到達今天的斯里蘭卡，還能將喜馬拉雅山背起來走。有人認為，孫悟空七十二變的故事靈感就是來自哈奴曼。

其實在佛教的經典故事和中國民間傳說裡，有不少描述猴子嬉鬧頑皮、有靈性、通人情，見人不驚不懼的故事情節，更有猴子變成人的故事，足見古人也觀察到猴子和人的類緣關係很近。

在清代沈起鳳著的《諧鐸．卷十．命中姻眷》裡，就有一則人猴雜交的故事。在江蘇真州有個姓丁的十七歲男子，他曾和一戶人家的女兒訂親，但那女子早逝，為了再結婚，丁生找人看相。算命的告訴他，他有雌獸為妻之命，丁生聽了十分不高興。有一天，丁生來到湖南旅行，行經峽谷，夜宿在船上，忽然有幾十隻小猴子從陡峭的峽壁下來，跳上船，把丁生帶的東西搶走。另外有幾隻大猴把他推上轎子，帶到峽壁上一棟豪華的房子前。只見一名老翁從屋子裡走出來，詢問丁生是不是丁慶雲先生的公子，丁生回答「是」，老翁接著說：

「我和你父親從小就相熟，十八年前我流浪到這裡，和袁氏結婚，生了一個女兒，她還沒找到好人家，若你不嫌棄，請娶我的女兒為妻。」不久老翁的夫人現身，她是一隻紅臉長毛的猴子，後來她的女兒也來了，頭上蓋著頭巾。

丁生進了洞房，拉下佳人的頭巾，看見新婚妻子是長了密毛的猴樣女子，非常生氣，叫罵著：「若你想和我結為夫妻，等你臉上那些毛掉了再說。」第二天，丁生的新婚妻子傷心地來到河邊，投河自盡。一些猴子趕忙跳下河去搶救。女子被救起，帶回洞裡休息。沒想到女子經過一陣癢痛後，全身的毛竟然被她一把一把地抓落，幾天後變成白皙如玉的美嬌娘，得以維繫和丁生的姻緣。

這雖是荒誕不經的故事，但與成語「沐猴而冠」倒也相映成趣。

【教猱升木】

猱，獮猴。比喻唆使壞人作惡。

這則成語出自《詩經．小雅．角弓》：「毋教猱升木，如塗塗附。」整句的意思是，獮猴本來就是爬樹高手，不必教牠，牠就爬得很好了；泥土已經夠髒了，不需要再塗上污泥。《詩經》的作者叫人不要惡上加惡。

祖先型的哺乳類是在地上活動的小型食蟲目動物，類似現在的尖鼠、鼴鼠。二億年前的侏儸紀，正值大型恐龍的全盛期，祖先型哺乳類只能在地上小心翼翼地過日子，晝伏夜出，其中部分種類為了求得較寬廣的活動空間，學會攀樹。由於恐龍不會攀樹，而且樹上有不少果實、昆蟲和鳥卵，可以確保生活安全無虞，漸漸地牠們就定居在樹上；此後一些種類更發展為適於樹上生活的樹鼩（tree shrew）。

樹鼩外形像松鼠，吻尖而細，尾巴蓬鬆。為了容易捉住樹枝，牠的前腳拇趾與其他四趾分開，呈直角，但趾上的爪仍與食蟲類一樣呈鉤爪。為了適應樹上的生活，視力也變得敏銳，慢慢發展出立體視覺，大腦也趨於發達。不知為何，樹鼩有奇特的哺乳習性，母樹鼩兩天哺乳一次，而且一次只哺乳五、六分鐘，樹鼩寶寶只好在這難得的片刻拚命地吸奶，幸好乳汁中含有豐富的蛋白質、脂肪，能滿足樹鼩寶寶發育所需。樹鼩寶寶生長迅速，大約兩、三個月大時就可獨立生活。

到了距今約二千五百萬至三千五百萬年前，出現了狐猴類（lemur），牠們的身體像獮猴，長相像狐狸，口鼻部向前突出，兩側長有觸鬚，嗅覺相當發達。為了更方便在樹上生活，亦即正確地測定樹枝間的距離，並穩固地捉握樹枝，牠們的一對眼睛逐漸靠攏到臉的正面，形成立體的視覺，變成現在獮猴的臉形，而且本來的鉤爪也變成了扁平爪。雖然經過數千萬年的進化，猴子仍然具有靈巧的身手，擅長攀爬樹木，給人刁鑽、好動、躁進的印象。

事實上，動物們經過長年進化所得的生活方式，是改不了的。例如採集兩種不同種類的螃蟹，放在桌面中央，觀察牠們的行為。牠們當然往桌邊跑，其中一隻到了桌緣，會慎重地把腳探出，知道腳踩空，就沿著桌緣跑到桌角，伸出腳，仍然摸不到地面，只好再轉個桌角繼續行進，如此一直不停地繞著桌緣。另一隻螃蟹到了桌緣，腳朝空中一伸便向前衝，冷不防地掉在硬硬的地板上，看來一定很痛；把這隻螃蟹撿起來，再放回桌子中央，牠還是一樣，到了桌緣就不管三七二十一地撲通落下。

原來前面小心翼翼、一直繞桌緣的螃蟹，是從山上多石、潮濕的地方採來的。遇到害敵時，牠只能逃進細隙，碰到岩石邊緣，就跳下去，因為那下面還是岩石，即使沒什麼生機還是一直跑，直到找到藏身之處為止。另一隻螃蟹是生活在海邊岩礁地帶的種類，對牠來說，伸腳摸不到東西的地方，就代表岩石邊緣，那下面是一片海水，跳下去不但沒有大礙，反而安全，何必還要猶豫呢？這可說是「江山易改，本性難移」的一個例證。

【樹倒猢猻散】

樹木倒下，依靠樹木生活的猴子也散開。用以比喻有權勢的人一旦失勢垮台，原先隨從的人立即一哄而散。

【相似詞】樹倒鳥飛、官倒嘍囉散。

這則俗諺是有歷史典故的：南宋，與岳飛同時代的曹詠，因為依附奸臣秦檜，而做了大官。秦檜死後，黨羽離散，曹詠也被貶。曹詠的妻舅厲德斯曾寫了一篇〈樹倒猢猻散賦〉給曹詠。在《紅樓夢》第十三回中有這樣生動的一句：「如今我們家赫赫揚揚，已將百載，一日倘或樂極生悲，若應了那句『樹倒猢猻散』的俗語，豈不虛稱了一世的詩書舊族了？」

姑且不談這則成語的寓意，光從字面上來看確實是樹倒了，原來樹上的猢猻（猴子）不知去向了。隨著住宅區及工業區的擴展、高爾夫球場的設立，甚至為了推展觀光而大肆開闢原野林，森林的面積日趨減少，不只是猴子，其他野生動物的生活也蒙受重大的衝擊。略為分析在森林活動的哺乳類動物的分布情形，即知在原始林活動的動物，以黑熊、飛鼠為主，梅花鹿、野豬、野兔、獼猴類則多見於林緣、河邊的森林或山崩、火燒山後出現的再生林。就獼猴來說，林木密生且樹高接近、樹冠呈鄰接型的森林，較適合牠們的移動、覓食。尤其多種樹木形成的雜木林，終年可以提供獼猴較穩定的食物。因此，獼猴的保育工作，不是普通的綠化措施就能達成的。

紐西蘭的基督城（Christchurch）素以庭院美化工作而聞名，當地每年都舉辦美化庭院的競賽，鼓勵居民美化環境從自己的住家做起。我曾在庭院美化競賽後兩、三天訪問該鎮，只見家家戶戶的庭院百花盛開、爭奇鬥豔，美不勝收。諷刺的是，在離這不到一百公尺的非競賽地區，可以看到不少鳥兒，聽聞牠們悅耳的叫聲，但經過人工設計的美麗花園竟然看不到一隻小鳥。在約一個小時的參觀中，我刻意尋找蜜蜂、花虻等靠吸蜜媒介花粉的昆蟲，但只能看到五、六隻。我深深感受到這又是一幕「寂靜的春天」，這種只以美化為目標的保育工作，往往會產生我們意想不到的反效果。

話題再回到獼猴，其實牠們也喜歡在林緣地帶活動，所以，開闢一條林道時，常可以看到一群獼猴在路旁玩耍或休息。靠近林地的農舍或耕地，尤其是果園，常遭到獼猴入侵為害。獼猴是靈長目的哺乳類動物，智能較高，以懸掛紅、白布條或塑膠帶、放鞭炮等方法嚇阻牠們，效果都很有限；用人力直接追趕有時還能奏效，但牠們也不是省油的燈，若看到追的人不多或追的人是女人、小孩時，就可能出手反擊了。還有，獼猴雖然是果農頭痛的對象，但已名列於保育類動物，不能任意殺害，即使申請合法槍殺，手續也相當複雜。何況成為槍殺對象的，大多是居於領導地位的獼猴，牠一旦被殺死，必然改變獼猴的社會結構，終至分裂成幾個小社會，帶來更大的危害。目前唯一可行、但不易實施的方法是，在森林地區與農舍、果園之間設置十到二十公尺的空曠地，作為緩衝區。

以上純是就獼猴的生態環境來論。飛鼠、鹿類、黑熊也被列為保育類動物，各有不同的棲息環境及生活習性，有時甚至也會危害山地的農林業，如何在保育野生動物及維護農作物之間取得平衡，是一門大學問。雖然「樹倒猢猻散」是事實，但也有一些動物喜歡棲息在樹倒後的再生林。因此規劃自然保育工作時，務必要作整體性的考慮，如此才能落實保育的精神並獲得成效。

【山上無老虎，猴子稱大王】

比喻沒有能人，普通人物也能稱王稱霸。又作「山中無老虎，猴子稱大王」。

生態學中有「生態席位」（niche，又譯作生態區位）一詞，niche本來是指牆壁上為了放置神像所做的裝飾性凹入部分，即壁龕，後來用於表示每一種生物在生態系中所佔的地位及角色。在一個正常生態系中，有許多生態席位，各席位由一種生物所佔，這樣該生態系才能穩定地延續，當某個生態席位產生空位時，常有另一種生物入侵佔位。另一方面，正如一個壁龕只能安置一座神像，當一個生態席位出現兩種生物時，兩者必發生種間競爭，由勝者佔住此席位，敗者即告滅亡。從這個角度來看，「山上無老虎，猴子稱大王」是可能發生的自然現象，其實這種情形在人類社會也是常見的，只不過我們在用這句俗諺時，多少帶有一絲嘲諷的意味。

澳洲盛產袋鼠、無尾熊之類的有袋目動物，當地不見獅子、老虎等猛獸分布，那麼誰佔居猛獸的首席？一種名為「袋狼」（*Thylacinus cynocephalus*）的肉食性有袋目動物，很可能曾經稱霸一方，捕食袋鼠、羊等動物，雖然牠在一九八六年被正式宣告滅絕，但偶爾還是有人聲稱看過牠出沒。袋狼體長約一公尺，尾巴長約五十公分，像袋鼠的尾巴愈末端愈細。很特別的是，牠有個能夠張到一百八十度的大嘴，牙齒有四十六顆，比野狼多四顆。由於牠也屬於有袋目，腹部有個簡單的育兒袋，裡面有四個乳頭。

袋狼的外形還有一個明顯的特徵，就是背部後半部有十七條褐色的橫走條紋，看起來像虎紋，因此有「塔斯馬尼亞虎」的別稱。根據早期的紀錄，牠不像野狼成群行動，而是獨行俠型，且一次只產二～三隻嬰狼。牠經常潛伏在樹上，再伺機跳下，一口咬向獵物頸部，讓牠致命。自從澳洲盛行牧羊業後，袋狼就將襲擊的對象轉成羊群。

據說袋狼獵殺一隻羊時，先從脖子吸血，然後只取食腎臟周圍的脂肪，此後再殺另一隻羊，這種手法令牧羊業者深惡痛絕。十九世紀後半期起，澳洲政府開始支持牧羊業者獵殺袋狼，從一八八八年至一九〇九年間，澳洲政府共撥放了二千一百八十四份殺狼獎金，殺死一隻成獸可得一份一英磅的獎金，而一個農場工作人員的年收入約為十五～二十英磅，由此可知澳洲當局如何積極推動殺狼工作。其實被殺的袋狼或許更多，殺了袋狼但因故未請領獎金的，應該大有人在。如此，在政府及養羊業者如此大力防治之下，袋狼的隻數大為減少。

此後隨著毒殺工作的落實、疾病的流行及牧羊地的擴大，袋狼的生活遭受更大的打擊，漸漸走向滅絕之路。第二次世界大戰前，塔斯馬尼亞島上還生存二、三對袋狼。令人遺憾的是，一九三六年九月，由於澳大利亞霍巴特動物園管理員的疏忽，人類所知的最後一隻袋狼——班傑明，不幸被曬死，此後有關袋狼的紀錄或傳言都無從證實。但澳洲的研究人員不曾放棄對袋狼的復育希望，他們試著從一八六六年以酒精保存的袋狼胚胎中，取得完整的DNA，希望借助現代科技，讓袋狼重現於地球。

其實袋狼的銳減或絕跡，除了人為因素外，還跟牠與澳洲野犬（dingo）的競爭有關。澳洲野犬並非天生的野犬，而是家犬被野放後的產物。沒想到凶神惡煞的袋狼，竟然在與澳洲野犬的競爭中敗退下來，讓出了「稱大王」的生態席位。

【貓鼠同眠】

比喻上下一氣，狼狽為奸。

這則成語出自《新唐書．卷三十四．五行志一》：「龍朔元年十一月，洛州貓鼠同處。鼠隱伏，象盜竊，貓職捕嚙，而反與鼠同，象司盜者廢職容姦。」原是形容官吏上下串通作奸，彼此容忍。

撇開人類社會不談，在動物社會裡，貓、鼠能否生活在一起？除非經過訓練或在特殊情況下，否則不可能，更別提「貓哭耗子假慈悲」這種事了。因為貓是肉食性動物，以鼠類等小型動物為食物，貓若跟鼠在一起，不久就會把老鼠吃掉。

與其他家禽、寵物相比較，人類接觸貓的歷史相當短。中國的十二生肖中，未見貓的名字；釋迦牟尼的涅槃圖裡，聚集在沙羅雙樹下哀悼的所有陸地動物中，也未見貓；《聖經．舊約》中也沒出現有關貓的記述。但埃及倒是例外，公元前約五千年的第一王朝，國王的儀式用旗標中，出現了兩隻貓的圖案，牠們是野貓或家貓無從分別，但至少可知，當時貓在人們的生活（或心目）中，已建立起現在家貓般的地位。已知在公元前二千五百年的第四至第六王朝時代，埃及已有飼養貓的情形，在公元前二四九四～二三四五年的埃及第五王朝時代的遺物中，有一幅戴頸飾的貓畫，這是有關家貓的最古老紀錄。

根據歷史學者的推測，一年一次的尼羅河氾濫，為中、下游地域帶進肥沃的壤土，從此引發人們的農耕生活，隨著農業的發展、收穫物的增加，而貯藏多餘的農產物後，出現了食害倉儲農產品的鼠類，於是埃及人開始馴養捕食老鼠的利比亞貓（*Felis libyca*），這就是家貓的開始。但直到第一世紀，貓才來到歐洲。至於東亞地域，一直到唐朝，為了防止佛經遭受鼠害，才將貓從印度和佛經一同帶進中國。既然家貓是為了防鼠而存在，「貓鼠同眠」基本上是不可能的。雖然貓鼠共居在一個屋簷下吵鬧嘻哈的場面，在迪士尼卡通「湯姆貓與傑利鼠」（Tom and Jerry）看得到，不過這一對天生冤家可是時時刻刻忙著捉弄對方，還是不離敵對的天性。

談到埃及的貓，不能不提貓的木乃伊。十九世紀中期，考古專家在尼羅河中游地域的一座神廟中，發現了被埋葬的貓屍，接著又在一處神都發現貓的共同墓地，墓地下面的棚架上竟有成排的上千具貓木乃伊。這批木乃伊經過細緻的防腐處理，用布包住。此後出土的木材、土銅，甚至鑲金的棺木裡，更發現為數可觀的貓木乃伊。根據一份紀錄，一八九〇年三月，一位埃及商人曾將十八萬隻貓木乃伊帶到英國利物浦拍賣。由此可知，貓木乃伊的數目有多驚人了，貓在古埃及的地位也可見一斑。這些貓木乃伊中的極少部分，目前仍珍藏於世界各地的博物館，但絕大多數已被打碎變成粉，用作肥料或一些藥品的成分。考古學上珍貴的物證，被如此糟蹋，想來實在很可惜。

無論如何，貓與鼠本是有不共戴天之仇的兩種動物，用牠們的同居表示我們社會污穢不堪的一面，是很恰當的形容方式。

【兩虎相鬥】

比喻兩強互相爭鬥。又作「兩虎共鬥」、「兩虎相爭」。

這則成語最早出現於司馬遷的《史記．卷七十八．春申君傳》：「天下莫彊於秦、楚。今聞大王欲伐楚，此猶兩虎相與鬥。」兩雄爭霸，逞兇鬥狠的結果不難想像，「兩虎相鬥（爭），必有一傷。」（語出《三國演義．第六十二回》）

雖然兩隻老虎相爭的場面慘不忍睹，但這種情形通常在同種類的野生動物中很少發生。在大多數情況下，相爭的結果是兩敗俱傷，對雙方都沒什麼好處，因此，自認不是對手的一方，往往會識相地退去。換句話說，「兩虎相鬥」通常只是試探性的比劃，甚少拚個你死我活，在其他同種猛獸間也大致如此。

但不同種類間的猛獸鬥起來會如何？例如，同被認定為最兇猛的貓科動物的老虎與獅子，相鬥時會是何種情形？古羅馬帝國的競技場（Colosseo）是以人與人、人與獸、獸與獸決鬥而著名的場所。在這個殺戮戰場上，就曾上演過老虎與獅子相鬥的娛樂秀，但牠們的鬥志不高，不主動，也不挑釁，若強迫牠們互鬥，通常是老虎佔上風、獅子避逃的機會較多。但這不表示獅子較弱或較膽怯。因為獅子是貓科動物中唯一成群生活的種類，不管是獵食或搶奪雌獅群，雄獅都是成群行動；競技場中看到的「一對一」對決，是獅子相當陌生的場合。再者，獅子多生活在草原，而老虎多在森林活動，各有各的地盤和擅長，互不侵犯，少有在野外碰頭的機會。

儘管如此，還是有人很好奇，獅子與老虎誰比較厲害？誰的體力比較好？先來看看兩者的體型，因為體型多多少少反應了體力。獅子體長（不含尾部）約為一百七十～一百九十公分、體重一百五十～二百五十公斤，重者可達三百公斤以上。至於老虎，由於分布範圍較廣，北自西伯利亞、南至印尼峇里島，且有分布愈南方者，體型愈小的趨勢，體重及體長的差距較大，體長約為一百四十～二百一十三公分、體重約為一百八十～二百四十公斤，最重者超過三百六十公斤。而且，即使是同一種獅子或老虎，個體之間的體重差異也是存在的。

從外型來看，獅子和老虎都有駭人的尖牙利齒、強而有力的顎，前腳肌肉發達，前爪大小接近，都能殺死大型動物。獅子的腳比老虎的長，擅長疾跑追捕獵物；老虎跳躍力較強，牠先偷偷接近獵物，再跳上前去捕捉。因此，在野生動物園區，以七．

六公尺寬的深溝隔離遊客與老虎，獅子則僅以六．四公尺寬的間隔。

如果不考慮年齡、經驗、體型等方面的差異，單從捕獵技術來看，老虎善於單獨搏擊，由於獵物在森林中容易閃避、躲藏和逃逸，老虎練就出矯捷迅猛的身手。獅子則習慣群體作戰，在廣袤的平原上結合同伴的力量，各自先在有利的位置埋伏並鎖定目標，以逸待勞。再從食性來看，獅子和老虎通常一次取食獵物二、三十公斤的肉，休息數天後，肚子餓了，再出去狩獵。空腹不僅影響牠們的體重，也影響牠們的鬥志；當肚子不餓、受到干擾時，牠們大多不想應戰，而選擇避開。獅子大多以可供一群獅子一次吃飽的份量，作為獵食目標，因為牠們生活的草原空曠，無法隱藏獵物，多餘的獵物肉立刻就變成禿鷹、鬣狗等覬覦的美食。在森林生活的老虎，則因為有地方隱藏食物，可以一次狩獵數餐食用的獵物。如此不同的戰鬥風格和生存策略，全是受到其生活的地理環境的影響。

如果獅子和老虎有相鬥的機會，其輸贏完全取決於當時各自的生理、心理狀態及所處環境。在單打獨鬥的情況下，老虎似乎要比獅子強悍些；在野外，獅子的集體作戰能力應是強於老虎。有意思的是，大自然裡有一道道天然的屏障，讓兩強得以「王不見王」！

【放虎歸山】

比喻放走敵人，後患無窮。又作「縱虎歸山」。

【相似詞】放龍入海、養虎遺患。

【相反詞】斬草除根、除惡務盡。

這則成語從表面來看，是講虎會傷人，捉獲之後，應該好好處理，免得留下禍根，若放牠回歸山林，是縱容牠在熟悉的環境再稱霸為惡。與這則成語相映成趣的圖像是「調虎離山」，引誘老虎離開對牠有利的山頭形勢。

這則成語讓我聯想到佛教的「放生」習俗，釋放已捉獲的動物，讓牠回到所屬的大自然，這般愛護生命的惻隱之心及美意值得尊敬。但平心而論，在今日，放生已成為民間及一些篤信佛教的社會團體相當普遍的活動，多數儀式性的放生活動，只是為了放生而放生，未考慮到放生動物的特性及其對生態的影響。草率的放生，除了可能造成放生動物因不適應環境而死亡，更可能直接或間接危害到放生地點原有生物的生活。

清末為了慶祝慈禧太后六十歲生日，以李蓮英為首的宮廷寵信曾策劃了一場「放生儀式」。儀式當天，大鳥籠一開，裡面的一群鳥都興奮地飛向空中，但其中受過訓練的幾隻不久又飛回到鳥籠裡，太監李蓮英藉機討好西太后，說牠們是「敬慕老佛爺的恩惠，捨不得離開，又飛回籠」，逗得西太后更加歡心。西太后不知飛散空中的其他鳥也受過訓練，牠們降落到西太后看不到的後山，等候的小太監們便將牠們捉回來轉賣，小賺了一筆。這種行為，今日仍見於一些不肖的生意人，他們為了一己之私利，做出重複傷害與欺瞞的舉動，完全抹殺了放生原有的美意。他們這種商業性的操作，反而變相鼓勵獵人不擇手段地濫捕野生動物。

泰國是虔誠的佛教國家，寺廟林立，當然放生的風氣也很盛行，到了略有規模的寺廟，必然看得到塑膠袋中放烏龜或鱔魚，鳥籠裡有兩隻鳥的小攤子，這些都是放生用的動物。偶爾也看得到養著九隻鳥的大鳥籠，因為在泰國九是幸運號碼，有些人願意購買九隻鳥放生，多積些陰德。雖然天天都可以放生，但最有功德意義的日子是四月十四日至十六日潑水節期間，此時正值泰國雨季開始前，由於之前的旱季末期，稻田、池塘大都呈現乾涸狀態，魚類集中在還有一些水的小地方，有心人士得以趁這大好時機，多捉些魚在家裡，等到進入雨季的放生日，再放回池塘或河流。由於海洋不會因為旱季影響而乾涸，因此沿海地域沒有放魚的習俗，聽起來既合理又現實。

至於放生鳥籠中的鳥，多為山雀、織布鳥等泰國常見的鳥，這些鳥被放生後，大多無法飛往天空，常常在半空中飛一陣子，就掉落在放生地附近，顯然已折斷翅翼。原來這些鳥是在村落附近捉來的野鳥，不易餵飼，若不趕快「放生」，牠們一定會餓死。我曾在泰國北部的一間小廟前，看到兩隻麻雀放生後就遠走高飛，那一幕讓人稍微放心，誰知道牠們被放生前已被餓了幾天！

其實更積極的放生是，禁止非法獵捕的行為，拒絕變質的「商業性」放生活動，並搶救野外受傷或瀕臨絕種的野生動物。畢竟，善心必須以智慧及專業知識為導向，才能真正體現放生的精神。

【虎不食子】

老虎雖然兇猛，不會吃自己生下的小老虎。比喻人不論如何狠毒，也不會傷害自己的孩子或至親。又作「虎毒不吃兒」、「虎毒不食兒」、「惡虎不食子」。

這則成語強調親情是天性，父母親的天職就是哺育和保護孩子，但放眼現代社會，有違人倫的脫序行為，偶有所聞，甚至有些極端的虐子事件，顛覆了我們對母愛、父愛的傳統觀念。在自然界裡，骨肉相殘的例子更多。雖然目前沒有老虎食子的觀察紀錄，但動物學家已觀察到群居生活的獅子有食子的習性。

一個獅群是由數隻雄獅、比雄獅略為多隻的雌獅，及其後代所組成。當雄獅們漸漸年邁力衰，一群年輕力壯的雄獅便趁機挑戰，趕走老獅，入主獅群。成為新領袖的雄獅，首先要做的便是咬死仍在吃奶的稚獅（幼獅）。

原來雄獅在獅群當家作主的時間，通常只有短短的三、四年，身體狀況一走下坡，便被另一群年輕力壯的雄獅趕走，因此牠們必須把握時間，趕快與雌獅交尾，留下自己的後代。但哺乳中的雌獅不排卵，即使交尾也不排卵，當然不可能懷孕，加上受到生理的影響，交尾意願也不高，為了迫使雌獅中斷哺乳的行為，新雄獅會斷然咬死那些別隻雄獅的骨肉。如此一來，雌獅體內的荷爾蒙分泌產生變化，開始排卵，雄獅得以遂其所願地和雌獅交尾，留下自己的骨肉。

雄獅這種殺稚獅的行為是可以理解的，因為那些稚獅畢竟是別人的骨肉。但令人訝異的是，雌獅竟然也會痛下毒手，殺害自己的骨肉。當新雄獅出現時，有些雌獅知道自己繼續哺乳，會妨害與新雄獅的交尾，不等新雄獅下手，便自動咬死自己的骨肉，以示忠誠。聽起來很殘忍，但這也是為了生存所做的妥協，藉由殺子的舉動，從哺乳期轉向交配期，實在有其不得已的苦衷。

除了獅子，在一些猴子、老鼠、兔子身上也觀察到殺嬰的行為。養過兔子的人或許知道，小兔子一出生就常撫摸牠，往往會刺激母兔把自己的骨肉咬死。通常母兔在生產前，會將自己脫落的毛集中在一處，作為小兔子的「床」，小兔子出生後窩在「床」裡，自然而然就有跟母兔一樣的體味，因此小兔子身上若沾有異味，母兔會將牠視為異類，咬死牠，或者認為小兔子一出生就受到干擾，自己可能無法順利生長，乾脆殺了牠，一切從頭再來。

雄鼠也像獅子那樣，為了早日擁有自己的骨肉，一有配偶，便咬死別隻雄鼠的後代，中斷配偶原先的育嬰工作。但是，雄鼠為免誤殺自己的後代，通常不會去殺與自己交尾過的雌鼠的幼鼠。將雌、雄各一隻老鼠養在一起，讓牠們交尾後，將雄鼠移走，放入另一隻雄鼠，此時雌鼠會受到新來雄鼠分泌的一種化學物質的刺激，而無法懷孕，即使懷孕了，胎兒也會流掉。顯然雌鼠的生理機制告訴牠，反正胎兒早晚都要被殺，不如先一步把牠流掉，好盡早從頭開始。

其實動物界的殺嬰行為，也可以視為一種「種內競爭」。殺嬰的動機，和食物的短缺、生存空間的緊縮、後代的繁衍、領袖地位的維持、受到不良刺激等有關。相依相偎的親情，抵不過生存的殘酷考驗，這是可以理解的。因為從殺嬰者的角度來看，留下自己的骨肉最重要；而對母獸（蟲）而言，與其讓弱小的後代生下來不久，就被新出現的雄性捕食或殺害，還不如在牠的胚胎期或初生期就除掉牠，這樣不僅有助於其他個體的生存，還能防止不良基因在種內擴散。當然從人的角度來看，會覺得母獸（蟲）太殘忍了，怎麼對自己的親骨肉下得了手？不過從牠的角度來看，不管跟哪隻雄性交尾，所生的後代都有一半自己的遺傳基因，都是自己的骨肉，沒什麼差別，再生就有。自然界生物存活的大原則及目的就是，「如何留下更多隻擁有自己遺傳基因的後代」，所以我們眼中的「殘忍」，對牠們而言，只是「務實」而已！

【為虎傅翼】

比喻為惡人助勢。又作「為虎添翼」、「與虎添翼」。

這則成語出自《三國志．卷十五．魏書．張既傳》：「若便以軍臨之，吏民羌、胡必謂國家不別是非，更使皆相持者，此為虎傅翼也。」以老虎比喻惡人，足見老虎在我們心目中的可怕形象。

老虎不會爬樹，不會飛翔，只能在地上疾走、蹦跳，在水裡游，是貓科動物中比較會游泳的，但僅是這樣的行動力，牠已威猛地稱霸於陸地，如果牠有翅膀，那還得了？講到「老虎長翅膀」的成語還有「如虎添翼」、「如虎傅翼」、「如虎得翼」、「如虎生翼」，用來比喻強者增添了生力軍，更具優勢。

其實，從動物學的立場來看，添了翅膀的老虎沒那麼可怕或強悍。現今具有翅翼或翅膀的動物為蝙蝠、鳥類和昆蟲三大類，其中蝙蝠和鳥類的翅翼是由前腳變形而來的。為了讓翅翼發揮最大功能，許多鳥類犧牲後腳的功能，不少擅長飛翔的鳥，腳力奇差，不善於疾跑，頂多跳幾下。例如老鷹之類，雖然還能用後腳捉住獵物，但走路的模樣不甚高明。更明顯的例子是以長距離遷移而為害成災的飛蝗，牠們依棲息的密度出現「孤居型」與「群居型」。當密度較低時，牠們是翅短、腳粗，善於跳躍爬行的孤居型；經過數次繁殖後，則變成翅長、腳細，已不善於跳動，只適於長程飛翔的群居型。

如果給老虎添上翅膀，會是什麼模樣？或許就像圖畫中的天使那樣，翅膀長在肩膀下的背面，那麼為了搏翅，胸部的肌肉必定有一些改變。希臘神話裡有飛馬佩珈薩斯（Pegasus），在卡通片上也看得到飛馬矯健的英姿，但添翼的老虎能否保持原有的活動力，自由自在地生活呢？更具體地說，當胸部的肌肉功能分成飛翔及跳躍用兩部分時，勢必影響前腳現有的功能。老虎通常潛伏在森林裡，看見獵物才忽然跳出來，以前腳捉住獵物，然後咬死牠；若有翅膀，用來運作前腳的部分肌肉會轉用於搏翅，這必然將降低其在地面活動及捕獵的能力。此外，原先較長的尾巴，可能也須有所改變，才能保持飛行時的平衡感。

另一方面，為了維持前腳的功能及飛翔的能力，必須攝取更多的營養，但老虎是否具有提高捕獵的能力和機會，這又是一大問題。

老虎不是像牛、馬之類的草食性動物，牠是肉食性的，需要獵捕，儘管飛翔可以節省不少的時間與體力，卻也連帶地降低了捕獵的能力，即使飛得再快，也很難捉到足夠的獵物來補充體力，若是為了生存，食性也許就要開始改變，或者體型得縮小也說不定。

因此，從各種角度來看，不管是「為虎傅翼」或「如虎添翼」，換來的恐怕都是虛有其表的「紙紮老虎」！

【紙紮老虎】

比喻外表威武卻無實力。

這則俗諺常被用來形容虛有其表的人。的確，這個世界，外表甚佳但內涵空洞者，大有人在；自然界也一樣，有不少動物是典型的「紙紮老虎」，徒有虛張聲勢之姿。例如暗褐色的棘竹節蟲（*Neohirasea* spp.，又名角竹節蟲），體長六～七公分，在竹節蟲中不算是大型，自頭部至尾端，全身長出大大小小的銳棘。雖然這些銳棘不會刺人，但乍看之下，還是會被它們嚇到而有所猶豫。

在松樹等針葉樹枝條上活動的瘤蠼螋，體長三～四公分，在蠼螋中算是大型種類，尾端有約佔體長一半的大型尾鋏，看來威猛，被牠夾住，卻一點也不痛不癢。

分布在北美乾燥地域的角蜥蜴，外形更是可觀，全身被有棘狀鱗；澳洲針蜥蜴也一樣，全身都是刺，名如其型，牠們都是體長十～二十公分、不算大型的蜥蜴，以螞蟻等小型動物為食。牠們的外形看似恐怖，英文名字都被冠以怪物（monster），實則習性溫馴，成為極受歡迎的寵物，而為人所飼養。其中澳洲角蜥蜴的學名竟是*Moloch horridus*，Moloch是希臘神話中的魔神之一，horridus相當於英文的horrible（恐怖）。

其實「紙紮老虎」型的動物，在已滅絕的大型爬蟲類更是常見。例如生活在二億年前、三疊紀後期的鱷魚型鷲龍（*Desmatosuchus* sp.），體長三～六公尺，是陸棲性的大型爬蟲類，全身被著鱷魚般的硬骨片，外形類似鱷魚。不僅如此，牠還有蜈蚣般分節的身體，在每一節體節的硬板側方，各長出一對銳角，尤其第五節的側角如水牛角般大，且略為後彎。牠的復原模型看似一輛裝甲戰車！然而牠的頭骨呈小型的三角形，牙齒也極細小，由此推斷牠是植食性的動物，那鎧甲般的骨片、胸部的巨角，看來只具自衛的功能，用來對付其他肉食性爬蟲類。但這自衛的武器卻為牠們自身的生活帶來不少困擾！首當其害的是，體重過分增加。看牠前腳骨骼小，即知牠們本是以後腳走路的兩腳步行性動物，自從體重增加後，被迫變成四腳步行者，以緩慢的動作匍匐行進。這種生活方式，導致牠們在多種恐龍出現之前，就走上滅絕之路了。

在一億五千萬年前，侏儸紀後期活動的劍龍（*Stegosaurus* sp.），也堪稱為「紙紮老虎」。牠身軀龐大，宛如巨無霸的裝甲戰車，有四～九公尺的體長，二～五公噸的體重，自頸部、背部至尾部，有兩排五角形骨片，尤其腰上的骨片長達一公尺，尾巴粗大，尾端具有兩對約一公尺的棘刺，前後、腳各有四、五支蹄狀趾。牠的嘴巴位在整個身體較低之處，頭部極小，只有乒乓球般大小的腦。由此推測，牠也不是肉食性，而是取食低莖植物的草食性恐龍。在侏儸紀只有少數的被子植物，大部分都是高大的羊齒、裸子植物，因此劍龍很可能利用粗大的尾巴作為支柱，以後腳站起來取食靠近樹冠部的樹葉或種子，尾巴的兩對棘刺可能用於自衛。至於背上的那兩排五角形大骨片，或許用來保護牠的背部，較合理的解釋是，它們是在寒冷時吸收陽光、高溫時發散體溫的溫度調節器。外形威武、但不怎麼兇猛的劍龍，在侏儸紀前期出現，至白堊前期就從地上消失了。

在一億四千萬年前出現的雷龍（*Apatosaurus* sp.）是體長十八～二十四公尺、體重達三十公噸的巨無霸恐龍，也是以細小的牙齒取食植物維生。無論如何，在自然界，利用威武的外形喝止害敵的策略，有時還是挺管用的。

【畫虎類犬】

要畫威猛的老虎卻畫得不像，反倒畫成一條狗。比喻人好高騖遠，但能力不足，仿效失真，變得不倫不類。又作「畫虎不成」、「畫虎不成反類犬」、「畫虎類狗」、「畫虎成狗」、「畫虎成犬」。

【相似詞】刻鵠類鶩。

這則比喻仿效失真、眼高手低的成語出自《後漢書．卷二十四．馬援傳》，與它類似的成語還有「刻鵠類鶩」。想刻天鵝或鸛鳥，卻刻成野鴨，固然掃興，但比起「畫虎類狗」來說，其實還不算太離譜。

仔細想想，老虎與狗在形態上實在差很多，例如狗的鼻端較突出，腳也比老虎細長，善於疾跑，「畫虎類狗」算是很誇張的。但「畫虎類貓」卻是一般人可能做出的糗事。

老虎和貓同屬貓科動物，有共同的基本特徵，俗話「老虎不發威，當牠是病貓」、「照貓畫虎」，都點出了虎貓同科的親緣關係。貓科是哺乳綱食肉目的一科，頭圓，臉部短，前肢有五趾，後肢有四趾，趾端具備銳利彎曲的爪，爪能伸縮，以伏擊的方式獵捕其他動物，大多會爬樹。雖然老虎的體型遠比貓大，但除非附上尺寸備註，身體的大小不容易在圖中呈現。我不是畫家，也不擅長畫動物，但根據我信筆塗鴉的經驗，畫貓與虎的技巧就在瞳孔。

老虎和貓都能在夜間活動，牠們的瞳孔在黑暗處會放大，但獅子、老虎等大型貓科動物的瞳孔，跟我們人的一樣，看到亮光時，會縮小為黑色的小圓圈，在黑暗處時，瞳孔才變成黑色的大圓圈。雖然貓的瞳孔在夜間也會放大，呈圓形，但白天瞳孔會變成縱長的紡錘狀。這是因為瞳孔的括約肌收縮能力很強，對光的感應很敏感。雖然我們少有機會觀察老虎瞳孔的變化，但可以在鏡子前觀察自己瞳孔的變化，再比較貓的瞳孔變化，這樣畫出來的貓或老虎會像一點。或者先畫一隻貓，再改變牠瞳孔的形狀，這樣看起來可能就很像老虎了。

當然，狗、貓和老虎，實在差太多了，要畫老虎畫成狗，只能笑歎自己沒有美術天分了。

【調虎離山】

引誘老虎離開有利於牠的山頭形勢。比喻用計謀誘使對方離開他的據點，以便趁機行事，達成目的。又作「賺虎離窩」。

《西遊記．第五十三回》有這麼一句：「先頭來，我被鉤了兩下，未得水去。纔然來，我是個調虎離山計，哄你出來爭戰，卻著我師弟取水去了。」調虎離山是《三十六計》中的第十五計，看似狡猾權謀，但不失為務實的妙計。試想若不顧條件硬碰硬，讓對方佔盡地利之便，自己必定時時處於被動或挨打的局面，遑論致勝？

調虎離山的精妙之處在於「調」，把對手引出他堅固的據點，甚至將他引進對自己有利的區域。放眼自然界，與這句成語相呼應的現象不難窺見，在此想談的是與此有異曲同工之妙的鳥類的「擬傷行為」。

小環頸鴴（*Charadrius dubius*）是鴴類中體型最小的一種，體長約十七公分，腹部呈白色，背部呈褐色，頭部有一條黑帶，頸部有項鍊般的黑環，廣泛分布於北極圈以外的歐亞大陸。小環頸鴴一般在多礫的河岸築巢、產卵，有時也在砂丘、旱田裡築巢。繁殖期從春末開始，雌雄成對的小環頸鴴先佔有領域再築巢。牠們的巢雖然簡陋，以石礫、枯草為主要建材，甚至只以淺淺的凹陷當巢，周圍以石頭或泥土堆高而已，但都具備極佳的排水及護卵功能。而且，它們完全融入周圍的環境，不易被人發現。雌鳥通常產四粒卵，雌、雄鳥輪流照護，不分晝夜地抱卵，經過約二十五天雛鳥孵化出來。數小時後，羽毛不再潮濕，雛鳥便開始走動，並在親鳥的帶領下到食物較多的河邊自己覓食。從此雛鳥不再回巢，夜間棲息在水邊的凹陷地或大石頭旁。

雖然小環頸鴴親鳥不餵飼雛鳥，但牠們對雛鳥仍極盡保護之能事。鴴類有不少害敵，例如野狗、野貓、鼬、蛇及鷹鷲類，當這些害敵接近雛鳥時，親鳥便跳到害敵面前，以假裝受傷的翅膀拍打地面，露出一副掙扎受苦的模樣。害敵每接近牠一步，牠就配合害敵挪移一步，裝作很痛苦的樣子，讓害敵把焦點放在牠身上，專注追趕牠，如此一步一步地將害敵引誘到離雛鳥較遠的地方。當親鳥認為已誘騙到完全安全距離時，就振翅飛走了，這就是所謂的「擬傷行為」。

至於雛鳥，遇到危險時，也會機警地爬伏在地面，靜止不動，由於牠的羽毛有保護色的功能，害敵甚難發現牠。雛鳥在親鳥的擬傷行為及自己羽毛的保護色下，慢慢地發育，大約經過一個星期，雛鳥的腳步已漸穩定，進入第二個星期，已可疾走一百公尺以上，過了一個月，已能飛翔，自立生活。雖然牠們有如此巧妙的騙敵戰術，但能夠長大的，只有百分之十到百分之二十，其中除了食物不足而餓死或騙敵不成而遇害，最主要的死因是豪雨、洪水的襲擊，卵及雛鳥連同巢一起沖流。足見自然災害對小環頸鴴的影響，遠比生物災害更為嚴重。

雲雀也以擬傷行為保護後代而有名。牠通常在草叢中築巢，親鳥離巢起飛時，會先爬行一段距離才起飛，回巢時也一樣，先降落在離巢一段距離的地方。這樣害敵就無法從牠起飛、降落的地點，推算牠築巢的位置，也就找不到巢中的卵及雛鳥。萬一害敵僥倖發現鳥巢，親鳥便降落在朝牠接近的害敵面前，和小環頸鴴一樣擺出哀兵姿態，假裝受傷、行動不便，讓對方輕敵，以為面前受傷的鳥容易得手。當害敵見獵心喜地跳向親鳥時，親鳥順勢逃開幾步，再掙扎一下，如此反覆數次，便能順利地把害敵引誘到離巢三、四十公尺遠的地方，接著忽然起飛，而害敵只能眼睜睜地看著親鳥遠走高飛，再也想不起鳥巢的位置。

當然這種擬傷行為並非萬無一失，對親鳥而言還是要冒生命危險的，一有閃失就壯烈成仁了。同樣地，調虎不成反被虎傷的機率也是存在的，用此計時不可不慎。

【餓虎飢鷹】

比喻兇狠貪婪的人。

這則成語出自《魏書．宗室暉傳》：「侍中盧昶，亦蒙恩眄，故時人號曰：『餓虎將軍，饑鷹侍中。』」這是北魏的人給狼狽為奸的貪官取的綽號。在清代李寶嘉的小說《活地獄．楔子》裡有如下露骨的句子：「衙門裡的人，一個個是餓虎飢鷹，不叫他們敲詐百姓，敲詐哪個咧！」

用飢餓的老虎和老鷹來形容貪得無厭的人，的確很傳神。兩者為了掠食所表現的兇暴面目，令人印象深刻。尤其是老虎，吃飽或肚子不餓時，多半在休息，但肚子餓時的生理刺激，促使牠展現驚人的掠食能力。成虎一天平均的取食量約為六公斤的肉，若獵捕到大型動物，食欲大開，一餐可吃下二、三十公斤的肉。除了飢餓的生理刺激外，還有何種刺激，讓牠採取凶殘的掠食行為呢？在此我們就以一種肉食性甲蟲

——龍蝨為例，略為探討肉食性動物採取獵食行為的機制。

龍蝨是體長三．五～四公分的甲蟲，有著一對大複眼，平常動作並不靈活。在水中覓食時，雖然看到獵物，卻還是在附近徘徊，不會直接衝上前去，似乎不知美食當前，等到接近到一定的近距離時，才一改先前態度，瘋狂地游上前捕食。龍蝨到底受到何種刺激才驚覺獵物的存在？

把龍蝨喜歡吃的蝌蚪放在試管中，將試管放在龍蝨所在的小水槽中，照理說龍蝨應該看得到蝌蚪，甚至游泳時也碰到了試管，但龍蝨並未改變牠的游泳方式，顯示牠完全沒注意到蝌蚪的存在。然而，把蝌蚪放在布袋中，龍蝨雖然看不到袋中的蝌蚪，但牠竟然開始瘋狂地游向布袋，以前腳捉住布袋企圖咬碎它。如果把養過蝌蚪的水倒入龍蝨所在的水槽中，龍蝨也會急切地游，尋找蝌蚪的身影。由此可知，龍蝨覓食時並不依賴視覺，而是依賴嗅覺，受到獵物氣味的刺激而採取行動。

那麼龍蝨那對大複眼有何功能呢？龍蝨在地上步行時，能巧妙地避開障礙物前進；飛翔時會把地面上的玻璃板看成水，從相當遠的地方飛近，降落在上面，這些舉動都足以顯示龍蝨的視覺並不差。獵食時為什麼不使用平常依賴的視覺呢？這就好像我們專心做一件事時，往往會忘記其他的一切，動物在某一特定的時段，不一定會利用感覺器官接收到的所有訊息。

在一隻貓的神經中樞埋入微型電極，記錄外面刺激所引起神經傳導的電流變化。讓這隻供試貓聽節拍器「卡嘰、卡嘰」的聲音，從記錄到的活動電位（即電流變化），可知其神經中樞所引起的興奮程度。這時給貓看一隻老鼠，貓的注意力馬上轉移到老鼠身上，雖節拍器仍舊發出聲音，但是記錄機上的活動電位卻已消失。換句話說，貓一看到老鼠，神經中樞便排除了節拍器的聲音，這就是神經生理學專家所講的「水閘門效果」。就像以閘的開關來調整河川流量一樣，中樞神經會依當時的需要，控制感覺器官接收進來的一些不需要的資訊。也可以這樣比喻，當我們專心看電視劇時，容易忽略浴缸放水的水聲，而讓水溢出。

「餓虎飢鷹」掠食時只關注獵物，不顧其他，所以才會有狠毒的攻擊行為。

【騎虎難下】

騎在老虎的背上，害怕被咬而不敢下來。比喻事情迫於情勢，無法中止，只好繼續下去。又作「騎虎不下」、「騎虎之勢」、「勢成騎虎」。

【相似詞】進退兩難、進退維谷。

這則成語出自《太平御覽・卷四六二・人事部・遊說下》：「今之事勢，義無旋踵，騎虎之勢。」常用在形容事情做到一半，進退兩難的尷尬場面。其實自然界裡，也有不少「騎虎難下」的現象。例如長頸鹿的長脖子就是其中一例。

長頸鹿的老祖先本來和其他有蹄類一樣，脖子短短的，但後來或許因為基因突變的關係，出現脖子較長的種類。靠著長脖子，牠們吃到別隻同伴吃不到的高樹上的葉子，另一方面，也能看到遠處的肉食性動物，逃生的機會大增。在這種優越的取食及生存條件保障下，長脖子的個體，交尾、繁衍後代的機會，也比短脖子的大。如此一來，生出長脖子的遺傳基因，一直蓄積在長頸鹿族群的體內，形成現在我們所看到的長頸鹿。那麼長頸鹿的脖子以後還會不會繼續拉長？這是未知的，因為脖子太長，也有負面效果，例如喝水不方便，必須張開前肢，把頭低到地面才能喝到水；平常抬頭取食樹葉或瞭望四周時，為了讓血液送到比心臟高五、六公尺的頭部，心臟的運作必須強而有力，因而整個身體得承受極高的血壓。若脖子再加長，身體是否承受得了，是個大問題。但脖子變短的可能性是幾乎沒有的，因為長頸鹿在將脖子弄長的過程中，已經將出現短脖子的遺傳基因給淘汰掉了。生物的進化是單向進行的，因而不能回頭！

雖然我們發現長頸鹿僅是這幾百年的事，難以判斷長頸鹿的脖子是否仍在長化中，也未發現介於短脖子與現存長脖子之間的長頸鹿化石，但從一些已絕跡的動物化石知道，當一個有利於生存的特質出現，族群開始往這個方向進化時，就等於「騎虎難下」，只能一路走下去，直到出現負面效果，導致絕跡為止。最明顯的例子，就是自三億多年前石炭紀起出現的一些恐龍。

石炭紀的恐龍最大型的只有二～三公尺的體長，一般多是不到一公尺的小型恐龍；但到了貝爾姆紀、三疊紀、侏儸紀，以至六千五百萬年前的白堊紀，所謂「恐龍時代」的終止，恐龍的體型愈來愈龐大。至一億四千萬年前，竟出現體長近三十公尺的腕龍（*Brachiosaurus* sp.），這種草食性恐龍體重超過一百公噸。巨型身體當然有它的優點，例如在與其他草食性恐龍競爭時佔上風，可獲得充分的食物；體大腳步也大，尋找食物比較方便等。但牠們最終也因為體型過於龐大，導致行動遲緩、失去競爭力，而走向絕跡的命運。

當然，關於恐龍絕跡的原因還有多種說法，包括：地球遭受一顆大行星或彗星撞擊，造成二氧化碳含量突然增加五倍；地球氣候突然改變；造山運動使得沼澤乾涸，食物減少；火山爆發或海洋潮退、陸地接壤引起的環境改變；受到新起的鳥類、哺乳類的生存挑戰等等。

不管如何，巨型恐龍最後面臨兩種小型恐龍不會遇到的困難：

一、**攝食引起的問題**：為了維持巨大的身體，要攝取大量的食物，也因而需要更多的取食時間；為了取食，要犧牲睡眠及休息的時間，甚至縮短尋偶、交尾的時間。如此不正常的生活作息，勢必影響後代的繁衍。

二、**神經傳導的速度問題**：由於牠有近三十公尺的體長，若不幸被肉食性動物咬到尾巴，經過三、四秒，腦部才能接收到尾部被攻擊的訊息，而採取逃走或抵抗的動作。這關鍵的三、四秒，讓牠無法即時對害敵做出回應，只好淪落到被宰割的命運。再者，由於目標顯著，容易成為害敵攻擊的目標。當牠們發現巨型身體的缺點時，已經太晚，想把身體縮小，已是不可能的事了。

再以雄鹿為例。雄鹿鹿角的主要用途是在尋偶期與其他雄鹿爭奪雌鹿，鹿角愈大，在爭雌戰中就愈佔上風。目前所知鹿角最大的是分布於寒帶地區的麋鹿，左、右鹿角尖端距離可寬達二公尺；在洪積世中、後期活躍的愛爾蘭巨鹿（*Megaloceros giganteus*），角距更寬達三．八公尺，如此龐大的巨角，為牠帶來生活上的諸多不便，導致牠在一萬年前絕跡。

【不入虎穴焉得虎子】

比喻不深入險境，就不能獲得成功。又作「不探虎穴，安得虎子」、「不入虎穴，不得虎子」、「不入獸穴，安得獸子」。

這則諺語出自《三國演義．第一一七回》：「『不入虎穴，焉得虎子？』我與汝等來到此地，若得成功，富貴共之。」意在勉勵人要有冒險犯難的精神。事實確是如此，沒有刻苦的努力，一事難成，而且進入「虎穴」，必要有冒生命之險的心理準備。

雖然一隻老虎的活動範圍，取決於當地的地形及獵物數量，在獵物密度高的地區如尼泊爾奇旺（Chitwan）國家公園，雌虎的活動範圍為十～二十平方公里，雄虎為三十平方公里。在獵物密度低的地區如俄羅斯的西伯利亞地區，雌虎的領域為二百～四百平方公里，雄虎的領域廣達八百～一千平方公里。當雌虎必須四處巡迴獵食，而離開嗷嗷待哺的虎子時，深入虎穴取得虎子的機會是存在的，但想要「進入熊穴取得熊子」，可能就更難了。

雖然在四季溫暖的熱帶地域，狗熊沒有冬眠的習性，但棲息於溫帶或寒帶地域的黑熊、棕熊之類，到了秋天會先猛吃一番，胖到走路時肚皮擦到地面，皮下脂肪組織的厚度增加到十公分以上，也就是體內有一百二十～一百三十公斤的脂肪。在棕熊亞種中，有一種堪稱最小型、分布於日本北海道的棕熊，體重達三百～三百五十公斤，脂肪大約就佔了體重的一半。為了冬眠，棕熊不僅在體內貯蓄了充分的營養，也積極尋找乾燥的洞穴或樹洞，從十一月起，好在此開始長達四、五個月的冬眠。

不過棕熊的冬眠，與蛇、青蛙的冬眠不一樣，牠蟄伏在長約一到一公尺半的狹小空間裡，陷入半睡的狀態，並不斷地翻身，所以遇到緊急狀況時，還能起身逃跑。母熊在冬眠盛期的一月間生育，通常生個雙胞胎；嬰熊十分嬌小，體重約二百～三百公克，相當於一隻老鼠，因此有人竟形容牠們為一雙手套。此後母熊便一直待在洞穴內哺育嬰熊，直到四月一些植物萌芽、有食物可吃為止，屆時母熊體內的脂肪已消耗得差不多，而變得瘦巴巴的。

熊是食欲旺盛的動物，為了確保食物充足，牠們有很強的領域性，絕不讓其他熊隻侵犯自己的地盤，侵犯者必然受到嚴重的攻擊。因此，春天時，母熊會帶著仔熊一起覓食，免得仔熊誤入別隻熊的領域而受到傷害；秋天，母熊也會陪著仔熊一起冬眠。由於母熊兩年懷孕一次，與母熊一起冬眠的仔熊到了翌年春天，就離開母熊自立。

在熱帶地域，冬天仍有一些食物，因此這裡的熊類通常不冬眠。這種情形也出現在北極，由於北極終年氣候寒冷、四季變化較少，生活於此的北極熊在有食物可獵時，就不冬眠而繼續狩獵；當獵物缺乏之時，才進入冬眠，但冬天生產及陪伴仔熊覓食的習性都一樣。所以，想要捕捉有母熊在一旁監護的熊子，必定比得虎子更難。

【河東獅吼】

用以嘲諷妻子凶悍，使丈夫畏懼。

這則成語出自宋代蘇東坡的詩〈寄吳德仁兼簡陳季常詩〉中的一句：「忽聞河東獅子吼，拄杖落手心茫然。」陳慥（字季常）的妻子柳氏，河東（黃河以東）人，凶悍善妒，發起脾氣來吼聲如雷，讓陳慥怕得要命，這原是夫妻間的相處之情，不容外人置喙，但或許柳氏實在太兇了，詩人看不下去，作詩挖苦一番，為朋友吐吐悶氣。沒想到這一記，使得後來做妻子的一發威，就被譏以「河東獅吼」，讓悍妻得到「河東獅子」的別號。

用獅吼來形容悍妻的怒罵聲，雖有誇張之嫌，但極其生動。獅子成天懶洋洋地躺著，休息時間長達二十個小時，通常只在晨曦和日落時分，來一陣宣示主權的吼叫，或者在捕食成功時，發出一種宏亮的吼聲，宣布「我吃飽了，這是我的地盤，誰都別想進來」。悍妻的一吼，讓先生嚇得手杖滑落，心慌意亂，也算收到宣示一家之主身分的效果了。

從生物學的立場來看，雌、雄性動物最基本，也是最重要且期待的任務，就是「傳宗接代」，由於雄性只提供精子，不能生產，因此在母系社會裡，女權比男權大，雄性只能看雌性臉色行事。例如鬣狗（Hyena，又名土狼）是典型的雌性統治社會，雌性的體重一般比雄性重約百分之十。鬣狗的群集大到上百隻，小到十幾隻，每一群的首領都是一隻體格健壯的雌性鬣狗，取食時得到最大、部位也最好的肉食，另有數隻協助首領的副手級雌性。此外，還有一些雄性，牠們的地位低於副手，沒有機會升等，除了負責獵取食物供給雌性、與其他鬣狗群鬥爭以確保領域等需要體力的工作，另一重要的任務就是在繁殖期與雌性交尾，而這也是牠們唯一能接近雌性的機會。

根據研究黑猩猩而蜚聲國際的珍．古德（Jane Goodall）對鬣狗的觀察，先接近雌鬣狗首領的是順位（序位）較低的雄鬣狗，牠趁著進入交尾期的雌鬣狗首領休息時，小心翼翼地從遠方接近雌鬣狗首領，到了離她四．五公尺處，雄鬣狗頻頻低頭，看似禮敬或懇求，甚至還用下顎碰觸地面，以前腳踏地，發出哀鳴。但雌鬣狗首領似乎不領情，當雄鬣狗接近到可以摸到她的距離時，她忽然發出吼叫，作勢要咬雄鬣狗，雄鬣狗只好退回到原來的位置，重新展開另一波攻勢。但雄鬣狗最終仍無法擄獲芳心，得不到交尾的機會。第二天，換成順位較高的雄鬣狗做出示愛的行為，但一天下來，也是失敗而返。第三天，來的是順位更高的另一隻雄鬣狗，但過程與結果和前兩天相同。到了第四天，女王似乎滿意前來示愛求歡的雄鬣狗，終於和牠交尾。從這種擇偶的高姿態來看，雌鬣狗的首領稱得上是悍婦的代表。

鬣狗的尋偶過程為何如此繁雜？順位最高的雄鬣狗為什麼不第一天就出來和首領求愛，何必讓順位低的先出來，給牠們難看？根據動物行為學者的觀察分析，順位低的雄鬣狗一副可憐兮兮的模樣，反而能逐漸提高首領的交尾意願，所以即使第一天就由順位最高的雄鬣狗出來示好，也是得不到好結果的。

當然，上述雌鬣狗首領的行為是比較極端的例子。很多動物在交尾前，雌、雄間都有一些示愛的動作，較和平的是互相鳴叫唱和，或在周圍飛舞走動；但也有較具攻擊性的舉動，例如雄犀牛會不停地追趕雌犀牛，以頭上的角撞她，讓她鮮血淋漓。貂也一樣，交尾前會互咬，雄貂會咬得雌貂流血，藉此提高雌貂的交尾意願。可以這麼說，鬣狗是雌性對雄性施以心理虐待，而犀牛、貂之類，是雄性對雌性進行身體虐待，但大多數的動物屬於正常的和平型。不管是暴力型或和平型，求偶的過程中，雌、雄都有精采的過招，讓人為之驚歎不已。

【獅子搏兔】

比喻做小事情，也要拿出全部精力認真對待。

【相似詞】泰山壓卵。

這則成語出自清代鄭志鴻的《常語尋源．卷下．獅子搏兔用全力引談藪》：「獅子搏象用全力，不知獅子搏兔亦用全力。」勉勵人凡事認真而為，即使是以大搏小，也要盡心盡力。

以做人做事的道理來看，此話所言不虛，但自然界裡，食量大且集體出動的獅子真的會去捕食體型小的兔子嗎？這樣符合經濟效益嗎？

的確，獅子通常都成群狩獵，以斑馬、牛羚等大型有蹄類動物為獵食目標，因為這樣才夠大家吃。至於年老、失去狩獵能力的獅子，離群後只能以兔子、老鼠為食物，更慘時還得取食蝗蟲勉強維生。不管狩獵大型或小型動物，牠們都全力以赴，因為充飢是維持生命的第一條件，若失敗了，不知何時才能再遇到獵物。對肉食性動物來說，狩獵何嘗不是冒生命危險的行為，萬一失手，遭到獵物反擊而受了傷，必然嚴重影響日後的狩獵行為，因此牠們通常在肚子餓到一個程度時才出獵，而且一次只狩獵足夠飽食的份量，不冒多餘的險。牠們心知肚明，多殺幾隻獵物，不過是供禿鷹、野犬等其他動物來分食，那何必呢！

雖然有捕獵者一次殺死多隻獵物的報告，但這種情形多發生在牧場或禽舍等的家禽身上。家禽們眼見猛獸入侵、同伴被咬死，恐慌不已，陷入極度的混亂，殊不知這種「雞飛狗跳」的鬧哄哄場景，反而讓捕獵者更加興奮，變相鼓勵牠對周圍其他家畜展開攻擊。已知鼬侵入禽舍時，通常會咬死禽舍內所有的雞、鴨。牠們為何進行這種看似無意義的大規模屠殺？原來鼬雖然是肉食性動物，但食性卻接近吸血性，只吸一隻雞、鴨的血無法填飽肚子；加上血液消化速度快，只好多殺幾隻。因此，鼬鼠在野外養成「有多少，殺多少」的習性，即使侵入養雞場、養鴨場，仍不改大肆捕殺的習性，所以最倒楣的就是無辜的雞鴨和飼主了。

話說回來，「獅子搏兔」的行為，雖然讓人感到有些浪費體力、精神，但若因為輕忽小事而壞了大事，不僅可惜，有時還會遭受別人的譏笑。其實大事都是小事聚積而成的，因此面對一件小事還是要以「獅子搏兔」的態度全力以赴。

【豹死留皮】

比喻人死後當有美名留傳後世。

【相似詞】虎死留皮。

這則成語出自《新五代史卷三十二．死節傳．王彥章傳》中所記的一句俚語：「豹死留皮，人死留名。」

豹的體型遠小於獅子、老虎。獅子、老虎有二百公斤的重量級身軀，豹的體重不過是牠們的三分之一，因此若和獅子或老虎一對一決鬥，絕不是對手。不過，豹的行動比老虎、獅子敏捷許多，適應力也強，善於爬樹，會游泳，不論嗅覺、聽覺、視覺都很敏銳；加上身上的斑點，在陽光隱約的樹枝上發揮極大的保護作用，所以能在自然界裡活躍地生存著，分布範圍從非洲至中國大陸的東北部。在五十種貓科動物中，除了當寵物的家貓，就屬豹的分布範圍最為廣泛。

豹用來保護身體的豹紋，因為色彩斑斕，自古受到人們的喜愛，「豹死留皮」的想法因此深入人心。仔細觀察豹的斑點，會發現它們的確大有看頭：獵豹的豹紋是由大小不一的黑點組成；花豹，又名金錢豹，斑點像一片片花瓣，由幾個黑點所構成；生態地位比較接近老虎的美洲豹，斑點則是空心圓內還有個小圓點；而黑豹則是花豹的黑化型，黑色的斑點自然不太明顯，只在強光照耀下才看得清楚。豹的兇猛和豹紋的美麗，讓豹皮向來就是人類權力、財富和地位的象徵，但豹也因為人們的過度狩獵而瀕臨絕種，被列為保育動物。

談到豹紋，讓人不禁想起《聖經．耶利米書》第十三章二十三節的「古實人（衣索匹亞人）豈能改變皮膚呢？豹豈能改變斑點呢？若能，你們這習慣行惡的，便能行善了。」這裡直指人的惡性好似豹皮上的斑點，無法改變，英諺“A leopard never changes its spots.”（江山易改，本性難移）即來自此處。沒錯，豹無從改變牠的外觀，在承受豹紋隱蔽之利的同時，也因為那一身美麗而永恆的斑點，惹來殺身之禍；而人類的濫捕又逼使花豹反撲，強化牠殺人釀禍的殘酷形象。

整體來說，豹在西方的評價並不好，例如普林尼（Plinius, the Elder, AD. 23-79）的《博物志》（*Historia Naturalis*）說，豹是淫亂的雌獅與狡猾的雄豹所生的不義之子。一一九四年，獅心王理查（Richard the Lionheart）參加十字軍，在德國被囚禁兩年，回到英國後，將紋章換成三隻臉朝正面、身體橫向、作行走狀的動物，看起來像豹又像獅子。這隻動物到底是獅子還是豹，在紋章官之間引起熱烈的討論，因為過去出現在紋章上的獅子，臉都是側面的，而這隻臉朝正面的動物看起來應該是豹，不過英國人民可不願接受這樣的事實，認為豹的形象有損英國王室的尊榮，而以「獅形獸」稱之。一三三七年，英法百年戰爭開打，法國對英國以豹做為紋章的圖案大加揶揄，藉此嘲諷英格蘭王室的血統和出身。英國一度考慮改變圖案，但茲事體大，而且有人力主改變紋章無異向法國投降，最後英國決定不改變圖案，並於一三六〇年起，將此圖案稱之為「向正面邁步的獅子（lions passant guardant）」，就這樣這個圖案一直沿用到今日伊莉莎白二世的時代。

相較之下，豹在中國的形象似乎好多了，雖有「豺狼虎豹」、「熊心豹膽」、「豹頭環眼」之類，論及豹威猛兇殘的成語，但光一句「豹死留皮，人死留名」就足以平衡牠的形象了。

【犬馬之勞】

舊時人臣對君王表達效忠之心，也用來表示願為他人效勞的用語。又作「犬馬之力」。

這則成語出自《三國演義・第二十一回》：「公既奉詔討賊，備敢不效犬馬之勞？」狗和馬可說是跟人類關係最友好密切的兩種動物，由於牠們都給人忠心耿耿的感覺，所以我們常拿牠們並稱，例如以「犬馬之養」比喻奉養父母，「犬馬戀主」、「犬馬之戀」、「犬馬之心」形容忠僕對主人的貼心服事，「犬馬之報」比喻給予人真誠的回報，「犬馬之年」、「犬馬之命」謙稱自己的年齡或性命，「犬馬齒索」、「犬馬齒殲」謙稱自己年老力衰等等。

到底狗是從何時開始跟人類接觸的？據推測，人類早在以洞穴為家的舊石器時代，就跟野狼、野生犬有所接觸，由於牠們在人類的生活範圍裡走動，很自然地就成為人類狩獵的對象。從該時期的考古遺跡，可以發現不少頭骨被打斷、作為食用的野狼和野生犬的骨骼。

在舊石器時代初期，人們已具備成群追殺及設陷阱捕獵大型獵物的技能，獵人吃剩留下來的肉和骨頭，是野生犬最佳的食物，因此獵人一走開，牠們便尋味而來。雖然此時人們與野生犬沒有密切的互動，但對野生犬來說，在人們的住處走動，偶爾可以得到食物，又能避開老虎、狗熊等大型肉食者的攻擊，是滿划算的。

另一方面，由於野生犬會清除人們殘餘的食物和廢棄物，保持環境的清潔，也能掌握四周的動靜，早一步察覺異聲異狀而吠叫，人們漸漸感受到牠們存在的好處，而開始飼養牠們。當然幼犬長得可愛，偶爾接近洞穴而被人牽繩飼養的可能性，也不能排除；不過目前尚未發現在這時期飼養狗的具體證據。到了九千年至六千年前的舊石器與新石器時代交接期，人們開始飼養狗，考古學家在歐洲各地的遺跡中，發現了已被馴化的野生犬的骨頭，我們所謂的「家犬」，大致就出現在這個時期。

人們目前飼養的家禽、家畜、寵物，種類相當多，都是我們的祖先將野生種捉來，經過長年飼養、馴化而來的，但狗和貓卻是例外，牠們是自動接近人類而變成寵物的。貓與狗最大的差異是，貓進入人類的生活範圍後仍維持原有的生活習性，但狗卻不一樣，牠融入人類的生活，跟人類產生互相信賴、互助合作的關係。

至於馬與人的互動，最早的紀錄大約出現於公元前二千年，在中國、西伯利亞、印度等的廣闊地區，已有馬的飼養，主要用來騎乘、運輸或取食馬奶、馬肉。由於馬善跑，能走遠路，在古代，馬一直是陸地上最重要的交通工具，至今在一些地區，賽馬的風氣仍然很盛行。從馬的心臟重量可以略為窺知馬為何善跑。體重五百公斤的馬，心臟重約為八公斤，相當於體重的百分之一．八；人的心臟，重約三百公克，佔體重的百分之〇．五；但運動選手的心臟通常比一般人的大，且心跳數較少，血壓較高。賽馬用的馬，經過訓練後，隨著肌肉、骨骼、呼吸器官的發達，心臟也膨大到所謂的「運動心臟」，即近十公斤重。經過長期嚴格訓練，擁有如此強大心臟的馬，在賽馬的最後衝刺中能發揮最大的功力，而獲得冠軍。其實賽馬對馬的身體來說，是過重的負擔，因此有些馬在賽事中，會因心臟病突發而死亡。

【狗仗人勢】

狗借人威，比喻倚仗權勢欺人。

【相似詞】驢蒙虎皮、狐假虎威、仗勢欺人。

這則成語見於明代李開元《寶劍記》第五齣：「（丑白）他怕怎的？（淨白）他怕我狗仗人勢。」在《紅樓夢》第七十四回的對話中，有這麼一句：「我不過看著太太的面上，你又有年紀，叫你一聲媽媽；你就狗仗人勢，天天作耗，專管生事。」狗是不是被污名化了？

觀察狗的行為不難發現，的確有「狗仗人勢」的情形。雖然狗與貓是自動進入人類的生活圈，變成我們的家畜或寵物的，但與貓的任性、看似唯我獨尊相比較，狗顯得忠厚老實得多，對飼主也比較有感情，當然也有人看不順眼狗對飼主搖尾乞憐、阿諛討好的態度。這是個人好惡的問題，在此不評論。

狗對飼主的忠誠行為，來自狗的祖先——野狼或野生犬的群居性。在有領導者的群體中，跟隨者當然會養成服從領導者的習慣，並且也會發展出順位性（排序），這樣才能共同狩獵，共同對抗害敵，防衛自己的家園。狗既然養成順位性的本性，在受人豢養的生活中，也會探知誰是家裡的老大，誰是第二大的，甚至觀察自己該定位為第幾位。狗一旦決定自己的順位後，就會完全服從比牠高順位者的命令，隨時注意對方的日常行為和心情變化。

在戶外遇到另一隻狗時，家犬依賴飼主、看飼主臉色的態度，更是明顯。當對方體型較高大，體力看起來較好時，家犬不敢招惹，只是邊叫邊跑，對方就趁機追趕。但當被追到自己家門口時，牠一改先前落荒而逃的窘態，轉身得意地朝對方大吠，對方知道苗頭不對，已進入人家的勢力範圍，便會識相地離開。

要說狗心機重、看人臉色表態也對，但平心而論，這種對飼主的倚賴性，是狗幾千年、甚至上萬年來，在與人類的接觸中養成的，也是保障牠們存活的關鍵因素，更為牠們贏得「人類最忠實的朋友」的美名。

依人類的嗜好、需要性等，進入人類生活成為寵物的狗，林林總總，有如大丹狗、聖伯納犬等超大型者，也有吉娃娃等可放在手掌的袖珍狗，但我們看到的流浪狗幾乎沒有這樣超大或超小的品種。原因之一當然是，這種超大或超小型狗，價錢昂貴，飼主不會放棄飼養，任牠當流浪狗。另一個原因是，這類狗的生活習性完全不適合野外生活，當流浪狗不久就自然死亡。最好的例子就是鬥牛犬，這是英國人為了與雄牛爭鬥而特別育種的，牠的上下顎與胸部特別發達，但腹部發育不佳，因此必須採用剖腹生產，既然有這樣的生理缺陷，當然沒有辦法過流浪狗的生活，只能仗人維生。

附帶一提的是，家蠶也是仗人才能維生的家畜昆蟲，經過四千年以上的飼養，家蠶雖然有可觀的吐絲量與食葉量，但牠的腳力已退化到不能在葉片腹面以四腳朝天的方式支持身體，撐沒多久就會掉到地上，也無法靠自己的力量爬上來。羽化後的家蠶蛾也一樣，胸部的肌肉退化，失去飛翔能力，雄蛾只能搏翅，在地上徘徊，不能起飛。雌蛾更是可憐，只能搏翅，幾乎沒有徘徊能力。

【狗尾續貂】

裝飾在官帽上的貂尾不夠用，便用狗尾代替。比喻任官太濫。後引申為以較差的事物，接續在好的事物後面，比喻前後不相稱。又作「狗續貂尾」、「狗尾聯貂」。

這則成語出自《晉書．卷五九．趙王倫列傳》：「每朝會，貂蟬盈坐，時人為之諺曰：『貂不足，狗尾續。』」漢代以來，侍臣的帽冠多用貂尾裝飾，西晉時，由於晉惠帝昏庸，趙王司馬倫起而叛變、篡位，他稱帝以後濫封濫賞，優厚黨羽，以致貂尾不足，改用狗尾來替代。其實不管貂貴或狗賤，兩者都是甚有利用價值的動物，只是利用的方法有異。

狗尾的經濟價值雖然沒有貂尾高，但它可是狗傳遞情緒的重要利器。從狗尾搖擺的形態，能夠看出牠是高興還是生氣，或是保持警戒狀態、準備發動攻擊。如果一條狗很開心的話，牠的尾巴通常是水平方向搖擺，而且搖擺的幅度很大。如果尾巴高高翹起而搖擺末端，肯定是準備發動攻擊。

單從動物學的角度來看，狗會不會追貂，而結果又是如何？狗、貂都是肉食性的哺乳類動物，但狗的體型一般都比貂大許多，狗若追貂，應是為了捕食而追，然而貂的動作比狗敏捷，且另有爬樹的技能，若貂爬到樹上，不會爬樹的狗就沒轍了。萬一狗把貂趕到沒樹的草原，貂只能找個洞穴躲起來，狗一嗅到貂的氣味，便開始挖土，把貂趕出洞，此後又是一場追逐戰，結果如何，就看雙方的運氣了。

話題回到貂帽、狗帽，十七世紀英國、法國曾流行以海狸（河狸）做的大禮帽。海狸雖然冠上「狸」字，但牠不屬於食肉目，而屬於囓齒目。牠體長約一公尺，是囓齒目一千多種動物中，體型第二大者，僅次於分布於南美洲的水豚。牠的毛皮厚密堅實、保暖防潮，自古以來即是高貴的皮裘原料，牠的鼠蹊部分泌稱為「海狸香」（castor）的分泌物，是高級香料和藥材。由於經濟價值極高，海狸一度遭到濫捕，面臨絕跡的命運，近年來由於保育措施得宜，數量已在穩定地增加。

海狸有個很特殊的技巧，那就是用樹枝、石塊和軟泥築造水壩般的巨巢，曾發現長一百公尺、高三公尺的巨巢。海狸的門牙特別發達，只花十五分鐘即可囓倒直徑二、三十公分的樹，把它拖到水邊作為築巢材料。過去海狸分布地區的一些居民，為了省卻進入深林砍樹的辛苦，索性撿取海狸的巢材，這一時的便利，破壞了海狸的家園，也嚴重影響到牠們的生存。所幸在自然保育觀念已漸普及的今日，海狸的生存空間已受到一定程度的尊重及保障。

【狗急跳牆】

比喻走投無路時，不顧後果地冒險，只求一條生路。

狗不會跳牆，但被追到無路可走時，也不得不越牆而逃。這則成語點出人在情急之下，也會像狗一樣，做出反常的事。最早的狗真的不會跳牆嗎？

狗和人類接觸的時間很長，早在古埃及中期石器時代（公元一萬年前）的地層中，就已發現家犬的化石，在歐洲、亞洲，甚至南美洲各地的古地層中，也都發現了已變成家畜的狗的化石。事實上，經過人類長達萬年的馴養，依各種目的，已培育出兩百多種的品種，這些家犬，雖然在形貌、體型上各有不同，但在動物分類學上，還是屬於同一個品種。

由於經過人類長期的馴養，家犬已失去本來的生活特性，從夜行性改為晝行性，壽命也延長到十年以上，一年可以生三、四胎，在此只好以跟家犬類緣關係很近的野狼為例，追溯家犬過去可能有的習性。野狼前、後腳同樣發達，是長距離的疾跑高手，曾有連續跑四十三公里的紀錄。雖然視覺不像貓科動物那般發達，但聽覺，尤其嗅覺特別敏銳。由於獵物留在地面的氣味，是追蹤的線索，因此牠不願以跳躍等方法離開地面。

狗的情形應該也是如此。跳不是狗的專長，超級靈敏的嗅覺才是牠的優越之處。狗的臉是長型的，長臉的動物具有廣闊的鼻腔，其中容納多數的嗅覺細胞，因此嗅覺特別好。人的鼻腔裡約有五百萬個嗅覺細胞，但狗的嗅覺細胞是我們的四十倍之多，而且每個嗅覺細胞的敏感度是我們的數十倍。這就是狗可以利用作獵犬、警察犬、救難犬、搜查犬的原因。最近科學家還發現狗能嗅出一些由皮膚癌、膀胱癌、肺癌等引起的特殊氣味，考慮將狗利用於此類癌症的早期發現工作。若醫院裡有狗搖尾等著我們來作檢查，我們的心情想必很複雜。

【狗改不了吃屎】

比喻惡性難改。

這則俗諺常用來譏諷人劣性難改。狗真的改不了吃屎的本性嗎？狗為什麼要吃便便呢？

先來看看排泄物能不能吃？事實上，動物的消化管不會把食物裡的營養物完全吸收利用，排泄物中仍有不少營養成分，因此就有以糞便維生，如糞金龜、閻魔蟲、糞蠅等的多種糞食性動物出現。在哺乳類動物中，也有吃便便的情形。例如，無尾熊母熊特別排出半消化的食物，作為仔熊的食物；兔子取食自己的排泄物。這樣看來，狗吃便便似乎沒什麼大不了的。

其實，追根究柢，以肉食為主的狗大都不愛吃自己的便便，在某些特殊的情況下，才會出現狗吃便便的情形。例如，剛生產完在泌乳的母狗，小狗出生後三週內，有吞食小狗糞便的行為，一方面是要保持環境乾淨，另一方面則是野生時代留下的習性——吃掉小狗的便便，以免害敵發現行蹤。這種行為也見於一些貓科動物，等到仔貓開始取食其他食物，母貓才停止吃仔貓的便便。有些狗則是有所謂的「食糞症」或是有「食糞癖」。

食糞症通常跟狗患有一些內科疾病有關，例如胰臟外分泌不足、腎上腺或甲狀腺機能亢進、糖尿病、小腸吸收不良症候群、腸道寄生蟲症等等，它的後遺症就是患狗有口臭，而且容易重複感染腸道寄生蟲症。食糞癖則跟狗的心理狀態和行為反應有關，或是感覺受威脅而以吃便便來增加安全感；或是想成為焦點、引起主人注意，或是聞到便便的味道，以為它是可吃的食物，或是純粹因為無聊等等。

所以狗吃屎不只是天性，也有後天的因素。若是生理及心理因素主導的，在獸醫專業細心的治療下，狗是改得了吃屎的「問題」。

前面提過兔子也會吃自己的排泄物。兔子的主食是不易消化的植物葉片，但牠不像牛、羊有反芻性，牠具備了比胃多十倍容量的巨型盲腸，尤其野兔的盲腸長達五十公分。兔子就靠盲腸中共生微生物的作用，來消化葉片中的纖維質，但牠無法完全消化並吸收纖維質分解後的營養成分，尤其對一些蛋白質、維他命B的吸收率較差。因此，兔子的糞便有兩種，一種是如黑豆般球狀、少有糞便臭味的硬粒糞便，另一種是盲腸糞，呈暗綠色，是被覆黏液的軟便。

兔子排盲腸糞時，保持著坐下的姿勢，讓口接觸肛門，好似吸飲般地吞下盲腸糞。盲腸糞送到胃腸後，並不會與其他咬碎的植物碎片混在一起，而是在胃的特定部位停留好幾個小時，其間受到共生微生物的醱酵分解作用，接著到達小腸，在酵素作用下變成氨基酸等，才開始正式吸收。

盲腸糞不僅可以提高兔子對食物的吸收、利用率，在緊要關頭也成為牠的克難食物。當體型嬌小的兔子，遇到掠食者攻擊時，只能跑進洞裡避難時，含有多量營養成分的盲腸糞可就派上用場了。

【如狼牧羊】

好像是狼在放羊一樣。比喻酷吏殘害人民。

這則成語出自《史記．卷一二二．酷吏傳．義縱傳》：「臣居山東為小吏時，寧成為濟南都尉，其治如狼牧羊。」

官員的政績被形容為「如狼牧羊」，是很嚴厲且不堪的批評，儼然就是暴政的指控，換作今日的說法，就是施政滿意度到了谷底。有趣的是，在英語成語中也有所謂「引狼入室」的「如狐牧鵝」（He sets the fox to keep the geese.）。不管是狐或狼，在東方和西方的文化裡，形象都不好，給人狡猾、老成、心機重、不懷好意的惡劣印象。相較之下，羊、鵝代表溫馴、任人擺佈的形象。狼牧羊、狐牧鵝，絕對沒安好心眼！

鵝在西歐一向是很重要的家禽，牠是從野雁馴養來的。從古埃及時的壁畫與象形文字記載，可知早在公元前二千年已有鵝的飼養，不但如此，當時已有一次可孵化數千粒鵝卵的大型孵卵設備。此後鵝的飼養逐漸遍及希臘、羅馬帝國及歐洲各地。其中跟鵝有關的義大利卡皮托利（Capitolium）神殿廢墟的紀念碑值得介紹。羅馬人建國不久，即在卡皮托利山丘建立了一座神殿，並在附近形成聚落，公元前三八七年，從北方來的克爾特人（Celts，又譯作「塞爾特人」）進攻羅馬，包圍卡皮托利山丘。某個晚上，克爾特軍隊摸黑用梯子偷偷攻上山丘，羅馬人聚落裡養的鵝聽到不尋常的聲音，大聲啼叫，讓羅馬士兵產生警覺，及時發現並順利擊退敵軍。為了表彰鵝的貢獻，司令官便在山丘上建了一座紀念碑，碑上刻了數隻鵝。

其實在此之前，神殿裡就飼養了鵝和烏鴉，依牠們飛翔的方向、速度、隻數及啼叫的音調來占卜，求問事情的吉凶。鵝因為機警受到表揚，此後不再被用作祭牲。但同樣飼養在神殿裡的狗，卻因為沒在鵝之前吠叫提醒而被冷落。此後在羅馬帝國時代，狗長期被認為是忘恩負義的動物，而不受重用。

話題再回到「如狼牧羊」。公元四世紀雄霸歐、亞、非三洲的馬其頓（Macedon）國王亞歷山大大帝（Alexander the Great, 356-323BC）曾說過：「我不害怕由一隻綿羊所帶領的一群獅子，但我害怕由一隻獅子所帶領的一群綿羊。」秉持「狼領導的羊軍，比羊領導的狼軍更勇猛」的信念，他大幅整頓馬其頓的軍隊，建立嚴格的軍紀，賞罰分明，使他們足以媲美雅典、斯巴達的大軍。這是「如狼牧羊」的西方版。

【狼心狗肺】

形容人心腸狠毒。又作「狗肺狼心」。

【相似詞】蛇蠍心腸。

狼給人的既定形象就是兇悍惡劣的，跟狼有關的成語清一色都是負面的，像「狼披羊皮」、「狼子野心」、「狼狽不堪」、「狼狽為奸」、「狼奔鼠竄」、「狼顧狐疑」、「狼心狗行」、「鬼哭狼號」、「聲名狼藉」、「引狼入室」、「狼猛蜂毒」等等。在西方文化裡，狼也象徵殘忍、狡猾、淫蕩。要說一點牠的長處，替牠緩緩頰，似乎難上加難。

想來想去，終於想到狼也曾經與人建立過溫馨的關係。傳說羅馬的建城者羅慕路斯（Romulus）與雷穆斯（Remus）這對雙胞胎兄弟，是由雌狼養大的。不管真實性如何，在羅馬的銅像、紀念碑、貨幣、甚至郵票上，都可以看到雌狼餵哺雙胞胎的圖案。

二十世紀的印度，也曾傳出狼撫養小孩的事件。一九二〇年十月九日，辛格（Joseph Singh）牧師一行人在印度西孟加拉州一個村落附近的密林裡，發現了兩個由狼哺育的女孩，大的約八歲，小的約一歲半。事情起於村民跟辛格牧師談及白蟻塔出現怪物，並拜託他去除掉怪物。於是辛格牧師等人在白蟻塔附近守候，他們先是看到兩隻成狼及兩隻幼狼，接著看到村民口中的「怪物」，一大一小。次日，辛格牧師等人著手挖掘白蟻塔時，又看到那兩個「怪物」，他們正和兩隻幼狼抱在一起，辛格牧師這才發現「怪物」其實是人類的小孩。

辛格牧師把這兩個小女孩帶回村裡，安置在自己創辦的孤兒院裡，為大的取名為卡瑪拉（Kamala，意思為「蓮花」），小的取名為阿瑪拉（Amala，意思為「清淨無垢」），悉心地照顧她們。

她們不會說話，發出像狼一樣的嚎叫，也不會直立行走，只能以四肢爬行，而且很怕人，對狗、貓似乎比較有好感。總之，從她們的行為舉止、情緒反應、生活習慣等方面，都看得出受到狼的影響。較小的阿瑪拉在孤兒院不到一年即過世，較大的卡瑪拉由於與狼生活得較久，花了很長一段時間才逐漸適應人類的生活，在十七歲時（一九二九年）死於傷寒。但直到死時，她還不能真正與人對話，智力僅相當於三、四歲的小孩，這應是長期脫離人類社會，大腦得不到刺激的結果。

這兩個女孩為什麼會與狼為伍？不得而知，極有可能是出生後被狼叼走或被父母遺棄的，而且應該不是親姊妹。其實發現卡瑪拉和阿瑪拉的地方是西孟加拉州很貧窮的地區，村民們為了減少生活負擔，而像《格林童話》中〈漢斯與葛瑞特〉裡的父母那樣棄養小孩，是有可能的。然後，很湊巧地棄嬰竟然遇到剛失去幼狼的母狼，不僅倖免於死，而且成為狼的小孩，享受狼愛。雖然這個事件是個特例，但至少讓我們見識到狼心底下的溫情。

【狼多肉少】

狼多而肉少，於是狼群爭相搶食。比喻財物少而奪取的人多。

狼是群居性的動物，當捕獵到小型獵物時，的確會發生狼多肉少的情形。那麼牠到底獵捕何種獵物？關於此問題，動物專家曾對阿拉斯加麥肯尼峰（Mt. McKinley）山區的狼群做過較詳細的調查。

麥肯尼峰高約六千二百公尺，位居阿拉斯加山脈中央，是北美第一高峰，此地的野狼主要捕獵野生的白大角羊。由於氣候嚴寒，動物的骨頭經過好幾年才會完全分解，尤其頭骨較硬，分解的時期較長，其間骨頭就一直散置在死亡地點附近。專家經過數年的調查，一共採集到六百零八塊骨頭。從頭骨的損害情形研判，其主要死因是野狼的捕食；而從羊角來推測，被殺的羊可以分為兩大年齡群，即老羊和幼羊。然而根據當地居民耆老的描述，飢餓的狼群是極可怕的殺羊魔、破壞狂，為何野狼不殺死壯年期的羊?原來野狼根本沒有殺死壯年羊的能力，因為野羊的腳力比野狼好，能夠迅速爬上懸崖，甩脫狼群的追殺。

美國五大湖之一的蘇必略湖（Lake Superior）中的一個小島，野狼取食的大型獵物是重達七、八百公斤的麋鹿，由十多隻至二十隻組成的狼群，在雪地追捕。為了滿足食欲，野狼每週必須獵捕一隻麋鹿。一發現麋鹿的腳印，野狼必定火速追蹤，而且沒多久就趕上，不過多數麋鹿都能逃脫狼群的攻擊而存活。原來知道野狼追來後，麋鹿會回頭頑強抵抗，狼群見牠來勢洶洶，交戰幾回合後便放棄攻擊而撤退。尤其壯年期的麋鹿，一擺出迎戰的姿勢，野狼就喪氣而退。因此，經過一場激烈攻防，被野狼打倒在地的，只是年齡不到兩歲的幼鹿，或是衰弱的老鹿、病鹿。從宏觀的角度來看，肉食性動物對病獸的捕食，多少能遏止野外傳染病的蔓延。

阿拉斯加的野狼也好，蘇必略湖小島的野狼也好，牠們選擇避開壯獸而捕老、幼獸，是有理由的。雖然由二十隻狼組成的狼群，與壯年鹿交手時勝算仍大，但打鬥時免不了會有受傷或殘廢的野狼，連帶削弱日後的戰鬥力及繁殖力。再者，一個狼群為了存活，平均一個禮拜狩獵一次，一年約狩獵五十二次，只要失手一次，就會大大影響以後的狩獵行動。因此牠們會小心觀望，有把握才出手。事實上，經過長期自然選汰而留存下來的狼，都是行為較慎重的狼的後代。

這種情形也見於生活在非洲草原、成群狩獵的獅子。無論野狼或獅子，能在五十二次攻防戰中，不受傷且打倒對方的，都有兩把刷子。肉食性動物的狩獵行動是只許成功，不許失敗，也不容許一點差錯。為了保險起見，狼群、獅群會以安全第一為考量，將捕食對象鎖定在幾乎沒有抵抗力的老、幼獵物。如果一個狼群獵食的是小羊、小鹿或病弱的老羊及老鹿，那真的會出現「狼多肉少」的情形。

其實，不僅是成群狩獵的肉食性獸類如此，單獨活動的肉食者也可能面臨相同的問題。根據一項觀察紀錄，一隻老虎獵殺綁在柱子的水牛時，先跳上水牛的背部，把水牛推壓到地上，避開水牛掙扎亂踢的四腳，一口咬住水牛的喉嚨，讓牠窒息而死。這段過程歷時約六、七分鐘。面對已綁好的水牛，還要花六、七分鐘的時間，何況野外自由奔跑的動物？掠食者不僅需要更多的時間，而且還要冒更大的危險。即使是老虎，在進行埋伏捕獵時，遇見壯年的獵物，也多半識相地讓對方通過，直等到牠絕對有把握得手的獵物出現，才發動攻擊。

那狼到底會不會吃人？根據一八七五年的資料，當年俄國共有一百六十個人因為狼而喪生，其可信度如何，難以得知。又根據報導，一九六八年一月十四日，土耳其中部鄉下，有兩個村民被狼殺害。在中國，據傳也曾有狼吃人的意外事件。但專家認為，極大多數的遇害紀錄都不確實，狼吃人應是特殊的個案。在較為確定的案例中，

「凶手」都是行動不便、曾受過傷或得了狂犬病的狼，所以選擇防禦能力弱的人類下手。

傳說過去中國的山西某些地域曾有「狼葬」的風俗，這或可算是廣義的「狼吃人」。所謂的「狼葬」，其實就是「讓狼吃人」，和「鳥葬」有一些相似。在山西省的長子縣，小孩若未滿三歲而夭折，家屬會把屍體用草包住，放在狼出沒的地方，供狼嚙食，若屍體沒被取食，便換個地方放，直到被狼吃盡為止。這種奇特的風俗，在清代時遭到禁止。

為何會有「狼葬」？這可以追溯到過去中國各地有嬰童死靈到處流浪作祟的迷信。為免嬰童死靈作祟，某些地方就有在嬰童屍體的心臟部位，打進桃樹樹枝的風俗，若是要埋葬，也會選擇離親族墳墓稍遠的地方；後來有鑑於當地多野狼，便想出用野狼來解決嬰童屍體。當然此時的光景，定是「狼多肉少」！

印度與巴基斯坦接壤的邊境山區，也有「狼葬」的習俗。但不是以屍體而是以活人餵狼！出於節省生活開銷的考量，病重的老人會被他的兒子或近親，在傍晚時分背到深山去，放在那裡，讓出沒於此的野狼吃掉。

嘗過人肉味道的野狼，是不是會食髓知味，變成愛吃人肉的野狼，不得而知，但這種可能性也是不能排除的。

【狼吞虎嚥】

形容吃東西又急又猛。又作「狼吞虎咽」、「狼吞虎噬」。

我們常用這則成語來形容人的吃相不好。的確，看野狼或老虎吃東西，會覺得牠們很粗魯、貪婪。牠們為何如此貪吃，如此急躁？

雖然食物的攝取量，依個體的種類、體型、活動形態等有不少差異，但一般來說，老虎常一次吃下二、三十公斤的肉，約為體重的十分之一至七分之一，相當於體重六十公斤的人一次吃掉六、七公斤的肉，這種「虎嚥」的確讓人歎為觀止。不過，此後的三、四天，老虎幾乎都在休息，等肚子餓再出去打獵。

老虎雖是森林中叱吒風雲的狩獵高手，但與一般肉食性動物一樣，狩獵成功率頂多五分之一到四分之一，所以得到食物時，能吃多少就吃多少。這點有別於草食性動物，由於植物隨時可得，牠們可以從容地隨意取食。

野狼與老虎在捕獵習性上的最大差異是，野狼是成群圍攻獵物，老虎則是單獨行動。所以野狼的身體雖然遠小於老虎，往往可以捕獵到和老虎獵物大小相似的動物，例如牛、馬等。野狼獲得充足的食物後，便大口大口地吞嚼，拚命地吃，吃到淹上喉嚨。但牠不是只為自己吃，回到窩後，牠會把已下嚥的部分東西吐出來，供作幼狼食用。原來「狼吞」的背後，有一股濃濃的慈愛；看了野狼生產用的窩，就更能了解這點。

以生活在寒帶地域的野狼為例，牠多在四、五月間生產，在此之前已準備好生產用的產室。親狼會挖一條長二～四公尺、入口直徑為三十～四十公分的隧道，通到產室及幼狼住的幾個小房間，每個小房間都有狹小的支道通往外面，讓幼狼可以看到外面的世界，呼吸新鮮的空氣。隨著幼狼的長大，親狼還會在主入口前面，準備一處供幼狼玩耍的區域。到了七月幼狼們略為長大時，牠們就搬到較開闊的草原，挖掘簡單的隧道棲居，秋末才搬遷到地勢較高的地方，以便瞭望在雪原上活動的獵物。從親狼不辭勞苦地依季節改變棲所，可以看出牠們慈愛的一面。

【狼披羊皮】

比喻偽善者。

《伊索寓言》中有一則故事，敘述一匹野狼披著羊皮，混入羊群中偷羊。後人將這披著羊皮的野狼，比喻為內心狠毒，外表卻裝作慈善的偽君子。其實野狼假惺惺裝可憐、假和善的情節，見於東、西方的許多著名童話故事及民間傳說，《小紅帽》裡假扮外婆的大野狼，就是其中一例。在我們的社會裡，狼披羊皮者也大有人在，但願這種人愈少愈好。

從另一個角度來看，潛入敵國社會、政府機構，從事地下工作的間諜或情報人員，也可以算是這類人。在動物的社會裡，可以看到不少以「狼披羊皮」策略謀生的動物，尤其在蟻巢中生活的嗜蟻動物大多採取這種策略。

螞蟻是社會性昆蟲，利用社會組織發揮群聚的力量，使多種動物敬而遠之。為了養育後代，螞蟻的巢窩終年維持適當的溫、濕度，並儲備豐富的食物，宛如生活在世外桃源。因此，某些動物用盡辦法，想在蟻巢中獲得一席生活地位。

至今已知約二千種嗜蟻動物，其中有些種類很客氣，平常躲在蟻巢角落，取食從螞蟻口中掉下來的食物，自甘居於食客地位；有些則分泌螞蟻喜愛的蜜液討好房東螞蟻，與牠建立互利共生的關係，例如黑小灰蝶（*Niphanda fusca formosensis*）、黃斑琉璃小灰蝶（*Spindasis takaonis*）的幼蟲，雖然得到螞蟻的供養，但也得分泌蜜液供螞蟻吃。此外，也有像大星點小灰蝶（*Maculinea arionides*）的幼蟲，在提供蜜液給螞蟻的同時，也趁機偷偷取得螞蟻體表的烴化合物，披上「羊皮」後，就大膽地捕食房東螞蟻的幼蟲。

由於螞蟻大多在地下造巢，蟻巢裡曬不到陽光，一片漆黑，視覺在這裡不太管用，因此嗜蟻動物中還包括如蟋蟀、蜈蚣、馬陸等，外形與螞蟻相差頗大的動物。為了做好門禁管制，螞蟻利用體表所分泌的化學物質產生的體臭，來識別「室友」。牠常用觸角觸摸對方的身體，確認牠的體臭；有心者只要取得這種以烴化合物為主成分的體表物質，將牠披在身上，就能像「狼披羊皮」般地混入蟻巢。

例如以梨圓蚜為寄主的英子蚜小蜂（*Paralipsis eikoae*），便在褐毛蟻（*Lasius niger*）蟻巢裡受到褐毛蟻保護，母蜂偷偷溜進蟻巢後，便就近跳上一隻褐毛蟻的背上，用前、中腳抱緊褐毛蟻，褐毛蟻立刻像被催眠般地變得很安靜，乖乖讓母蜂以後腳按摩牠的腹部，歷時約三十分鐘。此後母蜂像披了一件新衣似地，全身沾上褐毛蟻分泌的烴化合物，自在地在蟻巢裡走動，還不時以觸角輕打褐毛蟻的頭部，向牠討食，促使牠吐出食物，供位在牠口器下方的母蜂取食。除了補充營養外，母蜂也趁機補充體表的烴化合物，經過這一番工夫，牠才接近褐毛蟻所保護的梨圓蚜，在牠體上產卵。

「狼披羊皮」的成語，也讓我想起歐洲傳說中的「狼人」。據說有一種怪異的動物，平常是人，行為舉止一切正常，但每逢月圓之夜，他就會對著滿月狂嚎，變形為狼，並且獸性大發地襲擊周邊的家畜或人類，取食受害者的肉和血。狼吻代表咒詛，被狼人咬過的人，從此也變成狼人。雖然數百年來，關於狼人的傳說，傳得沸沸揚揚、繪聲繪影，但並沒有獲得科學的佐證。

【狼狽為奸】

狼與狽相互搭配，傷害人命，比喻互相勾結做壞事。

【相似詞】朋比為奸、通同作惡、同流合污。

「狼狽為奸」的典故見於唐代段成式的《酉陽雜俎．卷十六．毛篇》。根據該書的記載，相傳狼和狽是外形相似的兩種野獸，但狽的前腳很短，因此牠都騎在兩隻狼的背上行走，和狼聯手做壞事。當時即以「狼狽」來形容常事情無法順利推展，處境困窘，進退兩難的情況。

狼屬於哺乳類犬科，可以分為棲身於歐亞大陸的大陸野狼，與北美大陸的美洲狼兩大類。由於狼是我們相當熟悉的動物，關於牠的書多得不勝枚舉，在此就不多作介紹。

至於狽，則充滿未解之謎。明代黃道周在《博物典彙》的描述：「狼前二足長，後二足短，狽前二足短、後二足長，狼無狽不立，狽無狼不行」，其實仍不脫《酉陽雜俎》的記載。另有一說，則認為狼狽二字是「狼跋」之誤，其實是指老狼前進時，踩到自己下巴垂下的肉，後退時，絆到自己的尾巴而跌倒（見於《詩經．豳風．狼跋》）。

無論如何，狼狽並稱的成語，沒有一則是好的，例如「狼狽不堪」、「狼狽萬狀」、「狼狽相倚」、「狼狽而逃」、「周章狼狽」、「首尾狼狽」等。在一些民間故事裡，也常有狼狽一起做壞事的情節。有個故事說到，前腳長的狼和後腳長的狽，時常一起找東西吃。有一次，狼和狽走到羊圈外面想偷羊，但圍欄又高又堅固，跳不過去，也撞不開。這時狽想出了一個主意，讓狼騎在自己的脖子上，用兩條長的前腳攀住羊圈，就這樣順利偷到羊了。

在清代樂鈞著的《耳食錄．卷五．狼狽》中有這麼一則故事：在江蘇海州有個村民，在傍晚返回村落途中遇到幾隻狼，於是急忙爬到稻草堆上躲避，狼無法爬上草堆，包圍了一陣子就離開。但飽受驚嚇的村民為了安全起見，決定在草堆上待到天亮，等人來救他。沒想到深夜時忽然來了一群狼，其中一隻還背著狽。在狼背上的狽，先是盯著草堆看，接著拔起一束稻草往後丟，其他狼看了，也爭先恐後地咬拔稻草。幸好就在草堆快要崩塌時，天亮了，一群趕著去做工的村民正巧路過，聽到他的求救聲，將他救出。

到底狽是何種動物？目前仍未有定論。雖然的確有袋鼠、兔子等等後腳長於前腳、善於跳躍的動物，但牠們不可能與狼一起行動，也根本找不到跟狼群一起行動的別種動物。如此想，狽可能是一些老狼，由於行動不便，已無法單獨行動，常混在狼群中，畢竟狼的社會結構非常緊密，至少我是這樣想的。此外，我覺得有一句比喻奸詐之人的成語「兩腳野狐」，讓人能嗅到一點「狽」的味道。

【狐死首丘】

傳說狐狸死時，頭必定朝向狐穴所在的山丘。比喻不忘本或對故鄉思念。

這則成語出自《禮記．檀弓上》：「古之人有言曰：『狐死正丘首，仁也。』」戰國時代楚國的愛國詩人屈原在〈九章．涉江〉中，也有這麼一句：「鳥飛反故鄉兮，狐死必首丘。」狐狸死時，頭果真朝向狐穴所在的山丘？雖然這樣的描述很感人，但我還是心存疑問。

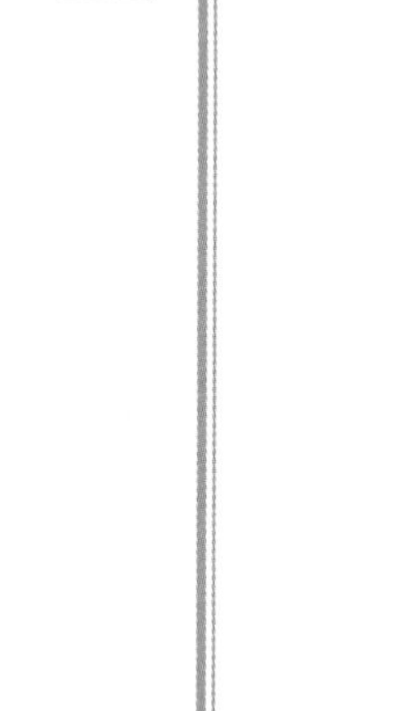

我不知道狐狸死時的姿勢如何，只好從牠睡覺的姿勢做些推測。以寒帶狐為例，活動週期可分為三大類，四至八月是育幼期，多在白天活動，九至十月在黎明及傍晚活動，十二月至翌年二月的嚴冬則變成夜行性。休息地點則依季節而異。親狐除了嬰狐生下後的二十天，會在巢窩中陪伴牠，其他時間大多在樹林地面的陰蔽之處休息，而且通常休息或睡個二～四小時，然後換個地方再休息。

寒帶狐休息時，多半閉著眼睛，但是否真的在睡覺或只是閉目養神，甚難辨別。當牠不斷抖動耳朵，表示是在淺眠狀態；幾乎不搖耳朵時，表示處於深眠狀態，但熟睡的時間只佔牠所有睡眠時間的百分之五，一天連續熟睡時間頂多二十分鐘。可見牠隨時都在提高警覺。至於休息或睡眠的姿勢，依季節或身體情況而異。寒冷的季節，牠會以粗大的尾巴包住沒有毛保暖的腳端，全身變成扁扁的半球狀，只伸出耳朵，有時也會略為擺動身體，伸長四肢及脖子而橫臥，說不定是這時的睡姿讓人以為牠是死狐。

至於「首丘」，一般來說，警戒心較高或在野外害敵較多的動物，大多把頭朝向風尾（背風）方向豎直耳朵睡覺，因為牠們的聽覺及嗅覺特別發達。寒帶狐也是如此，休息時不斷抖動耳朵，注意周圍的動靜。再稍微詳細地說，從風頭（迎風）來襲的害敵，可用嗅覺察知；但害敵若從風尾接近，此時嗅覺就不太管用，容易受到突襲。因此在非洲草原打獵時，獵人或獅子都從風尾接近獵物，長頸鹿、大象、犀牛等也多半面朝風尾方向站立。尤其是長頸鹿，睡覺時多半站著睡，即使坐著睡，還是把頭豎立著，隨時提高警覺，但牠到了動物園，處在無害敵的環境下，逐漸失去戒心，將脖子向後倒伏、以坐姿熟睡的時間大幅增加。從這裡也可以看出，動物們對環境的適應力有多強了。

順便一提，也有把頭朝向風頭睡的例外者，那就是美洲野牛。牠在頭部有一項武器——巨角，因此不怕對手迎面痛擊；還有，牠的前半身被覆了厚毛，不怕迎頭淋雪；但體毛較少的身體後半部，就不能直接面對風頭，任由風吹雨打。

如此想來，狐狸經過一番激烈的行動後，頭朝風尾方向伸出四肢橫臥休養，碰巧風尾方向有牠的巢穴，或許因此讓人產生「狐死首丘」的感覺。

【狐埋狐搰】

狐狸多疑，才埋藏一樣東西沒多久，又將它挖出來看看。比喻疑心重，反覆不定。

這則成語出自《國語．吳語》：「狐埋之而狐搰之，是以無成功。」這是一則描述狐天性多疑的成語。有意思的是，我們甚少有機會看到狐狸，但是對牠狡猾多疑的行徑卻是那麼的印象深刻。跟狐狸有關的成語大多不懷好意，例如「滿腹狐疑」、「狼顧狐疑」、「狐群狗黨」、「狐媚魔道」、「狐假虎威」。

我們通常所說的狐狸，即紅狐（*Vulpes vulpes*），體長六十～九十公分，重約二～七公斤，由於棲居的地方另有野狼、豺狼、野犬等肉食性動物，這些動物跟牠取食相同的食物，因此狐狸必須非常機警且有耐心，才能爭得食物，並在競爭激烈的野外立足。尤其烏鴉是狐狸最需提防的動物，因為牠有挖土覓食的習性。與其說，狐狸天性猜疑，不如說牠謹慎。

中國民間還常將狐狸和鬼聯想在一起，這或許跟牠在夜間出沒有關。東漢許慎的《說文解字》這樣解釋「狐」：「祆獸也，鬼所乘之。」北魏楊衒之的《洛陽伽藍記》裡記了一則故事，有一個叫孫嚴的人，跟妻子結婚三年，看見妻子總是不換衣服就睡覺，他決定一探究竟，半夜他偷偷起來，翻開妻子的裙襬一看，有條看似狐狸尾巴的東西，嚇得他奪門而出。這當然是穿鑿附會、繪說聲影的鄉野奇譚，但從此有關「狐仙」、「鬼狐」、「狐狸精」就開始流傳。狐仙的傳說在唐代最為盛行，當時有一句俗諺語說：「無狐魅，不成村。」顯然每個村莊都在拜狐仙。清代蒲松齡更在《聊齋誌異》中寫下了各種不同風貌的狐仙，藉此批評世道人心。

至於西方，關於狐狸的成語或格言也常是負面的，除了「如狼牧羊」（見93頁）一則介紹的He sets the fox to keep the geese.（如狐牧鵝），還有When the fox preaches beware the geese.（狐狸開始講道時，得注意看好那些鵝），及The fox preys farthest from his hole.（狐狸在離窩最遠的地方狩獵）等，雖然後者多被譯成「兔子不吃窩邊草」，但原文其實強調的是狡黠的小盜為了避嫌疑，故意選在離住處最遠的地方做壞事。《伊索寓言》中出現的狐狸，也常是有小聰明、不安好心眼的角色。

在歐洲，讓狐狸聲名大噪或說「惡名」昭彰的是，一篇以老狐狸雷納（Renart）為題材的法語韻文，該韻文作於十二世紀至十四世紀間，相傳經過二十多位修道士增修而成。文中的動物社會，模擬自人類的社會結構，有國王與王后（獅子）、城主兼副王（熊）、總司令（狼），大祭司（驢）等人物，主角狐狸雷納是小城的城主，喜歡耍小聰明、捉弄「人」，尤其是找總司令狼的麻煩，狐、狼之間糾紛不斷。狐狸奸巧刻薄的言行，終於引起其他動物的公憤，被送到國王那兒接受審判，但在每次的審判中，牠總能以狡辯或謊言開脫，被宣判絞死刑時，牠還以要到聖地朝拜的理由逃出法庭。這篇作品，字裡行間流露出對中古貴族與教士的揶揄。

雷納所呈現的狐狸形象，其實與中世紀出版的動物誌、百科全書裡的狐狸形象完全一致，兩者同樣強調橙紅色的體毛。在中世紀，紅色代表罪惡，紅色與黃色的結合，意謂著「不誠實」與「背叛」，因此中世紀畫家畫出賣耶穌的猶大時，刻意將頭髮畫成紅色。此外，狐狸「時常繞路而不直接走到目的地」的習性，也容易讓人引發牠不誠實、有所保留的聯想，加上牠是夜行性的肉食者，更加深人家對牠的壞印象，覺得牠與黑暗勢力的魔鬼是同夥的。

不過，雷納的故事經過歷代多人的改編，已呈現不同的風貌。在現代版的盧森堡3D動畫電影《俠盜紅狐狸》（Renart the Fox, 2005）裡，雷納機伶、有正義感、有理想，勇於突破社會的封建法規，以機智化解一連串的考驗與危機。這多少反映出現代社會的多元化、活潑化；其實當代之於過去，似乎都是開放的。所以，在現代的英文裡，fox也被用來形容活潑、有吸引力的女孩，也是很自然的事了。

【狐假虎威】

狐狸與老虎同行，借老虎的威風嚇走百獸，使老虎誤信百獸是畏懼狐狸而逃走的。後來比喻憑仗有權者的威勢，恐嚇他人、作威作福。又作「狐虎之威」、「狐藉虎威」、「虎威狐假」。

【相似詞】 驢蒙虎皮、狗仗人勢、仗勢欺人、恃勢凌人。

這則成語出自《戰國策》，是戰國時代一位叫江乙的臣子向楚宣王說的寓言故事。

在一些古代戰爭片中，可以看到軍隊進軍時鳴鼓打鑼，穿著極為鮮豔的軍裝，搖旗吶喊，展現威武的氣勢。在自然界裡，也處處看得到類似的現象，例如以毒針成群攻擊的胡蜂有黑底帶黃條的體色，著名的毒蛇雨傘節有黑白相間的身體等等。用明顯的身體表示自己是不好惹的這種現象，我們叫做「警戒色」，相當於這則成語中的「虎威」。

既然警戒色有嚇止其他動物「切勿誤越雷池」的效果，有些動物乾脆就「狐假虎威」，假借警戒色做個冒牌的有毒危險動物，這就是生物學上所稱的「擬態」。有些書上提到擬態時，舉的例子是竹節蟲、枯葉蝶模仿牠們生活環境的背景，將自己隱蔽起來，其實嚴格地說，這是「偽裝」，是廣義的擬態，稱之為「隱蔽式擬態」。就狹義的擬態而言，必須有冒牌者與正牌者。以昆蟲而言，一些無毒的斑蝶、蛺蝶會擬態毒蝶；虎斑天牛、葡萄透翅蛾假冒具有黑體黃條的胡蜂、長腳蜂；花虻假冒蜜蜂，這些都是不折不扣的擬態。在蛇類中，也有許多假冒毒蛇的無毒蛇；而活動於珊瑚礁的海蛇採用擬態策略的，更是不少。

倍足綱的環鼻馬陸（*Rhinocricus albidolimbatus*）具有雨傘節般黑白相間的身體，在牠活動的環境裡，有一種蛇形蜥蜴的幼體，就借用牠黑白相間的警戒色來保護自己。由於環鼻馬陸體長僅五、六公分，蜥蜴幼體在長到超過七公分後，便不再採取擬態的策略，蛻皮後全身變成褐色。

蘭嶼特有的球背象鼻蟲（*Pachyrrhynchus* spp.）也遭到別種昆蟲的模仿。在蘭嶼已知六種球背象鼻蟲，除了一種身體較小、全身黑色、不太起眼外，其他五種體長約二公分、身體漆黑，前胸及前翅有藍、綠、黃白色光澤的圓斑或條紋。由於牠們的外骨骼很發達，蘭嶼的達悟（雅美）族人常以手指用力壓牠們的腹部來比指力；不難想像，鳥類取食這麼硬的昆蟲後必定難以消化。不但如此，被吞食的球背象鼻蟲還能在吞食者的胃裡爬行，使吞食者引起嚴重的胃痛。因此，鳥類一旦啄食過球背象鼻蟲，就不敢再挑戰牠。由於球背象鼻蟲有這麼有效的自衛方法，在球背象鼻蟲的群聚中，可以見到擬態球背象鼻蟲的一種天牛——擬球背象天牛（*Doliops similis*）。但牠的數目很少，據說採了一千隻球背象鼻蟲，才能看到一、兩隻擬球背象天牛。仔細想想，這是必然的現象，若是冒牌者太多，必然影響正牌者的自衛效果，最後連累到冒牌者。

此外，還有一種擬態螞蟻的蜘蛛值得介紹。這種蜘蛛叫蟻蛛（*Myrmarachne* spp.），不織網，通常像螞蟻在葉片上走動、捕獵，由於牠的腳比昆蟲多一對，有四對，因此平常舉起第一對腳時，看起來就像昆蟲在空中搖擺觸角一般，但牠擬態螞蟻的原因至今未明，很可能是要讓對方以為自己是螞蟻而鬆懈戒備，然後再趁機跳向對方並捕食。當牠受驚時，還是利用假裝觸角的第一對腳，以四對腳快跑，甚至還能做到螞蟻做不到的後退。

由此可知，動物界裡的「狐假虎威」，其實是動物們求生存的重要手段，仗勢不是為了作威作福，只是想換得一己的安全。

【與狐謀皮】

跟狐狸商量要取牠身上的皮毛，比喻與所謀者利害衝突，根本不可能達成目的。又作「與虎謀皮」、「與狐議裘」。

這則成語出自《符子》裡的一則寓言。講到周朝有個人很喜歡皮衣，也喜歡吃美味的食物。他分別去找狐狸和羊商量，希望牠們能提供毛皮和羊肉。話還沒說完，所有的狐狸都逃走了，所有的羊也都躲起來了，他當然無功而返。不管是找誰，找錯商量的對象，就別想做成事情。後人把「狐」改成「虎」，更加突顯找錯對象的恐怖後果。

在此來談談動物的毛皮。北極狐、白鼬、紫貂（黑貂）等寒帶動物的毛皮，由於保暖性特佳，在未受到禁獵之前，深受上流人士的喜愛。根據美國專家的試驗，生活在溫暖地域的浣熊，在氣溫攝氏三十度時，維持體溫所消耗的熱量假定為1；在攝氏二十度時變為2，也就是需要兩倍的熱量；在攝氏十度時變為2.5；接近攝氏〇度時已超過3，表示毛皮的保暖性已差。然而北極狐在攝氏三十度至零下三十度之間，為了維持體溫所需的熱量沒有絲毫變化，皆是1。如此即知，寒帶動物的毛皮具有良好的保暖效果。不過近年來由於保育意識的抬頭，禁獵狐貂、拒買皮草已成為全球的共識。

所謂貂類，目前已知八種，其中皮草價錢最貴的是紫貂（*Martes zibellina*）。雖然紫貂的毛只有約一．五～二公分的長度，但長得很密，外表呈淡黑色，當吹氣分開外毛時，可以見到極為美麗的藍色底毛，這底毛的色調就是決定貂皮價格的關鍵。一般來說，冬季貂皮的品質最佳。

紫貂曾是俄羅斯的西伯利亞、中國東北地區還算常見的動物，紫貂皮草過去在俄國的經貿及外交上，扮演相當重要的角色。例如一五九五年，派駐維也納的俄國大使，赴任時帶了大批皮草作為交際之用，其中包括四萬枚紫貂皮草，此時正是俄人著手開發西伯利亞的時期，由於紫貂還很多，當地人反而比較珍愛狗的皮草。根據當時的紀錄，一支小刀可以換取六枚紫貂皮草，一支斧頭可以換取二十枚。在十六世紀末期，一年還可得二十萬枚的紫貂皮草，至十九世紀產量剩不到十萬枚，至一九〇〇年降到五萬枚，一九一四年更減少到三萬五千枚。自一九四一年起，俄人成功開發出人工飼養紫貂的方法，並建立有效的保育措施，才使紫貂不致絕跡。

狼獾（*Gulo gulo*）的毛皮也是珍貴的皮草，但甚少出現於皮草店，因為大部分捕獵到牠的獵人都不願割愛，但也有人說是因為它有股怪味。狼獾的毛長且滑潤，即使在攝氏零下幾十度的超低溫情況下，碰到嘴裡呼出來的蒸氣，也不會結冰，仍能保持柔軟乾燥。用這種毛皮製作的帽子和衣服，冰不容易附著上去，一拍即掉，進入室內後，帽子和衣服不會變得濕漉漉的。

狼獾只分布於寒帶地域，且不知為何，在動物園裡甚少看到牠。雖然牠屬於鼬家族，但身體不像鼬、貂等那麼苗條，而是粗粗胖胖的，體長約八十公分、尾長二十公分、體重十五～三十公斤，生活在寒帶針葉林。狼獾常獨來獨往，食物從漿果、昆蟲到小型動物，甚至大型動物，來者不拒，看到什麼可以吃，就吃什麼，食欲驚人，甚至有人傳說牠飽食一頓後，會刻意穿過兩棵樹中間，把肚子壓扁後再繼續吃。狼獾的英文名字除了wolverine外，另有glutton，前者表示「像狼的動物」，後者則有「暴食者」的意思。

想想一件皮草，大約需要十至二十五隻狐狸，或是七十至八十隻白鼬；就知道奢華之下，隱藏著不少令人不堪的生剝動物皮毛的過程。不管跟誰謀皮，代價都是驚人的，在付出高價金錢的同時，也得擔負不尊重生命、違反動物權的責任！

【篝火狐鳴】

比喻謀劃起事或故佈疑惑，使人惶恐。

這則成語出自《史記．卷四十八．陳涉世家》中的「夜篝火，狐鳴呼曰：大楚興，陳勝王」一句。秦代末年，陳勝想要起兵反抗當權者，故意在夜間把燈火放在廟宇的竹籠中，使它若隱若現，並裝出狐狸叫的聲音，讓人以為是神明顯靈。陳勝的用意，無非是利用庶民的迷信心理，營造有利於自己的聲勢，讓他的起兵有正當性。

已知多種動物以發聲、鳴叫的方式尋偶、發出警戒訊息。利用現代的音響技術及相關的分析儀器，專家逐步解開其中的複雜機制。例如蟬、青蛙的鳴叫，本來被認為只是雄性對雌性發出的示愛之聲，但利用儀器仔細解讀後發現，這種鳴叫聲並不單純，其中還摻雜一些不同的音調，但作用至今未明。部分專家認為，有些雄性為了降低其他雄性的尋偶效果，會不懷好意地發出妨礙性音波。

其實，動物之間或動物與人之間的音波戰，是相當常見的。例如在印度，老虎常模仿雌鹿交尾期所發的聲音，引誘雄鹿前來，再捕而食。關於老虎的另一個例子是，數十年前，在印度孟買的機場附近，常有牛隻進入機場內滑行道附近吃草，嚴重影響飛機起降的安全，但依宗教上的習俗，誰也不願挺身趕走這些牛隻。若以鐵絲網圍住整個機場，是根治的辦法，但經費卻是問題。最後工作人員想出妙計，在動物園錄下老虎的吼聲，當牛隻闖入機場時，便把老虎的錄音放出來，如此便有效地趕走了牛隻。

相同的手法也曾應用於果園裡害鳥的防治上。芭樂、木瓜、桃子等水果，常受到鳥類的啄食，而失去商品價值，最好的辦法是將整個果園蓋上防鳥網，但成本太高；用槍打鳥既費時費力，且會牴觸動物保育法。於是農民先捉來幾隻鳥，捉弄牠們，錄下牠們淒慘的叫聲，在果園中播放。這樣做的確收到嚇鳥及趕鳥的效果，但對人們的負面影響更大。因為鳥類的慘叫聲實在太刺耳了，令人心神不寧，園主及附近居民不堪其擾，園主不得不放棄這種做法。其實鳥類鳴叫聲的構成是很複雜的。碰到危險時發出的聲音，依鳥的種類而異，有些鳥會發出警戒性的叫聲，告誡同伴不要靠近，但有些鳥發出的卻是求救的叫聲。

正如老虎以雌鹿的叫聲引誘雄鹿，獵人有時會吹鹿笛、鴨笛等。鹿笛的發聲原理與老虎完全相同，以此引誘雄鹿，效果不錯；鴨笛的情形也差不多，先在野鴨常出沒的池塘安插一隻木造的假鳥，然後吹鴨笛，可以騙來一群野鴨。

這則成語既然提到「篝火」，在此順便介紹一個利用光線的騙局。螢火蟲是以發光尋偶的昆蟲，分布在北美的一種大型螢火蟲的雌蟲，不但發出回應同種雄蟲尋偶訊息的發光頻率，也能模仿別種螢火蟲雌蟲的發光頻率，藉此誘引該種螢火蟲的雄蟲前來，作為牠的獵物。不疑有他的螢火蟲雄蟲，一看到同種雌蟲的發光頻率，就直接飛向雌蟲，想跟牠交尾。這一飛，就成為食螢性大型螢火蟲的大餐了。

【一丘之貉】

比喻彼此同樣低劣，沒有什麼差別。

這則成語出自《漢書．卷六十六．楊敞傳》：「若秦時但任小臣，誅殺忠良，竟以滅亡。令親任大臣，即至今耳，古與今如一丘之貉。」用來形容一群惡劣低能、彼此相近的人，不是好話，含有不屑一談和譏誚的貶意。從字面上來看，它本來是指出自同一個山丘的貉，類似「物以類聚」，英諺裡也有相似的說法例如：“Birds of a feather flock together”，不過是用鳥來作比喻。

站在動物學的立場來檢視這則成語，貉是否在同一個場所成群築巢而生活？談這個問題之前，不妨先來看看獾和狸這兩種動物的區別。在中文裡，狸又叫貉。但在動物分類學上貉就是獾（*Meles meles*），即英文的badger，屬於鼬科的一種；狸（*Nyctereutes procyonoides*）是犬科動物，英文名字叫raccoon dog。兩者是完全不同的種類，但外部形態相當類似，都具有短胖的身體，常常使人混淆，不過獾（即貉）的臉部中央如白鼻心（*Paguma larvata taivana*，果子狸）般，有白色的粗縱條。

狸善於爬樹，遇到危險時，常火速爬到樹上避難，但獾卻沒有這種本事，只能躲回自己的巢穴。獾前腳的爪子，比狸粗大、適合挖土築巢，牠用這巨爪在排水良好的丘陵斜坡挖掘隧道和房間，隧道深約三～五公尺，長達十～二十公尺，甚至有長達一百公尺的紀錄，每個房間都有支道通到外面。由於牠建的房間過多，供過於求，常有空房，爪短而狡猾的狸便帶著牠的眷族住進獾的空房間，因而出現「一丘之貉」。

獾是相當愛乾淨的動物，常常整毛，在進入巢穴前，會利用附近的樹幹磨爪，去掉腳上的泥巴。牠在離巢穴約十～二十公尺處，挖淺穴排便。相較之下，狸似乎沒有那麼愛乾淨，牠們有製做「公共廁所」的習性，即把住所旁的一個區域定為廁所，所有的成員在此排便，形成糞堆，這樣的「方便之所」當然成為獵人發現狸的一個很好的指標。獵人一發現糞堆，便在隧道入口處起火，以煙燻出狸，倒楣的房東獾，也就是真正的貉，也被煙燻出來。

狸與獾的差異不只表現在習性上，也見於利用價值上。狸的毛皮品質甚佳，常用於衣領、袖子、領襟的製作；毛彈性好，用來製做高級毛筆；但牠的肉有股腥味，不適合食用。獾的毛皮品質差，但肉的味道據說不錯。不過由於狸與獾混居，狸肉、獾肉也常混在一起，所以吃過牠們肉的人反應兩極，有的人讚不絕口，有的人很不喜歡。

所以雖說是「一丘之貉」，仔細看看還是各有所別！是利用價值完全不同的兩種動物所組成的一群。

【虎背熊腰】

背寬厚如虎，腰粗壯似熊，形容人的體型魁梧。

以虎之背、熊之腰，來形容人壯碩的體格，相當傳神，不過改以大猩猩的體型來比喻，或許更貼近事實。因為大猩猩與人類一樣，屬於靈長目，不論體型或動作，都比老虎和熊更像人類。

從演化的進程來看，人類與大猩猩源自同一個祖先，大約九百萬年前，大猩猩和人類開始分家，各自走上不同的演化路線；七百萬年前，人類又從黑猩猩的種群中分出來。因此，黑猩猩可說是與我們類緣關係最近的動物，部分科學家甚至稱人類為「第三種猩猩」。

大猩猩是最大型的靈長目動物，有一百二十五～一百七十五公分的體長，當牠完全伸直後腳站起來時，身高可達二百三十公分，雄性體重為一百三十五～二百七十五公斤，雌性體重只有雄性的一半。大猩猩的臉部沒有毛鬚，口鼻部較短，眼睛小，耳朵小，鼻孔特別大，手比後腳長，沒有尾巴，由於外貌奇特，牠從一八四七年在歐洲首次被發現，至二十世紀前半期，被人形容為「兇暴」、「殘忍」、「原始林中的魔鬼」、「地獄裡的動物」等。

從外形來看，牠的確很有威嚴，巨型的身體被覆著黑色的剛毛，脖子短短的，胸部又寬又厚，帶給人恐怖的感覺。發達的肌肉，憤怒的吼聲，加上捶胸的示威行為等，在在讓人認為牠是極其兇暴的野獸。膾炙人口的電影《金剛》（King Kong），基本上就是根據大猩猩給人的這種印象拍攝的。

二十世紀後半期以後，人們逐漸看清楚大猩猩的真面目。原來牠主要在平地生活，很少爬樹，由一隻雄性、數隻雌性及寶寶形成一小群，以植物新芽和果實等素食維生，甚少吃葷的。牠生性溫和，除非被攻擊，否則不會主動採取攻勢，在密林裡遇到人類，通常都會自動避開，除非受到騷擾或挑釁。從牠龐大的身軀，不難想像牠發飆或抓狂時，力氣有多大，場面有多驚悚駭人，曾有大猩猩以兩隻手臂扭彎直徑五公分鐵條的紀錄。

大猩猩具備如此大的力氣，應該能在密林裡稱霸才對，但情況沒有那麼單純。根據一份在非洲密林裡的觀察紀錄，當一隻花豹偷襲雄性大猩猩時，花豹先咬住大猩猩的側腹，大猩猩也不甘示弱，反身捉住花豹，欲往牠的頭部咬一口，不過卻被身手矯健的花豹咬住脖子，大猩猩仍力圖反擊，但牠側腹的傷口已滑出部分小腸。經過一番激烈的格鬥後，大猩猩雖然咬了花豹幾口，但自己也到瀕死的狀態，只好還是放花豹走。

從身體構造來看，大猩猩的體重遠重於花豹，力氣也不小，不應該那麼容易被打敗，但大猩猩到底是屬於靈長目的動物，具有高度發達的感受性，第一次被咬時，不只感覺到肉體上的痛，情緒也深受打擊，難以在一時之間平復，因此，牠可說是尚未展現自己的力氣，就敗退下來。

再回過來談電影《金剛》。我們跑、跳和運動的能力，取決於運動用肌肉的截面積大小。截面積越大，肌肉力量越大，運動能力越強。大猩猩有重達兩百公斤的龐大身軀，為了在平地上靈活走動，牠必須具備粗壯的手腳，雖然以我們人類來看，牠的四肢夠粗壯了，但對照粗壯的身體來看，肌肉的截面積還是不夠，只能讓牠快步移動，無法疾跑。電影中，金剛爬上帝國大廈頂端，一邊捧護著女主角，一邊對付飛機大炮的經典場景，看來驚險萬分，但從運動生理學的角度來看，金剛這種通天的本領是不可能存在的。

【夢熊之喜】

古人認為夢到熊是生男的吉兆。又作「熊羆入夢」、「夢兆熊羆」、「熊羆之祥」。

【相似詞】弄璋之喜。

這則成語出自《詩經．小雅．斯干》：「吉夢維何，維熊維羆，維虺維蛇。大人占之，維熊維羆，男子之祥。」羆據說是一種大熊，毛皮有黃白雜紋，善於爬樹、游泳，力氣很大。為何以熊象徵男孩？不得而知，或許和伏羲號「黃熊」、黃帝號「有熊」有關？或許因為遠古時代有對熊的崇拜？在以獸力、人力為主的古代，日常生活中的各種行動，甚至與敵人的打鬥，都要靠壯碩的體格和由此而來的力氣，熊魁梧的身材自然讓人羨慕，而期盼得到如熊般健壯的兒子。

無論如何，中國民間倒是有人熊同居結縭的故事，清代袁枚所著的《子不語》，就有一則關於「熊太太」的記載。據傳康熙年間有個姓伍的宮廷侍衛，隨從康熙皇帝到熱河地區打獵，但不幸掉落到深谷中，沒吃沒喝地過了三天，後來碰到一隻大熊。

大熊把伍公帶進一個洞穴裡，給他吃樹果、羊肉等食物。牠知道伍公吃不慣生肉，撿來枯枝生火把肉烤熟。每次伍公小解時，大熊看到他的下體便笑，伍公這才知道這是隻雌熊。後來伍公和大熊結為夫妻，生下三個體壯力大的兒子。雖然雌熊不准伍公下山回家，但同意孩子們下山，長子名叫諾布，長大後也成了皇帝的侍衛，他叫人用車接回父母，家人就稱呼大熊為「熊太太」。熊太太雖然不能講人話，但懂得合掌答禮，在伍公家生活了十多年才過世。

類似的故事也出現在清代朱梅叔著的《埋憂集》。不過這個故事發生在明代宣德年間，陝西榆林府人秦鐘岳的父親秦襄，在五龍山迷路，誤入熊穴，跟一隻雌熊同居，生下秦鐘岳。後來父子兩人趁雌熊外出時溜下山。秦鐘岳在十二歲時回到五龍山，把雌熊接回村子同住。後來秦鐘岳出任左都督同知，母親被賜名為「熊太君」。當然這段荒誕不經的故事，未見於《明史》。無論如何，民間故事中，人、熊所生的，都是身強體壯的男孩，成為勇士，立下軍功。

附帶一提，比較東、西方民間故事，可以發現東亞地域有不少與熊、猴、鶴，甚至田螺等人獸通婚的故事，雖然希臘、羅馬神話中也有一些人獸相戀的故事；但自從基督教興起後，民間故事中已少有這種情節，若有人獸通婚的故事，大都跟受到惡魔的咒詛有關。原因在於基督教的信仰嚴格禁止不正當的婚配行為。

至於夢見什麼會生女兒？根據前面所引的《詩經》，答案是蛇（「維虺維蛇，女子之祥」）。古人以虺、蛇為陰性的象徵，認為夢見虺、蛇是生女的前兆。不過演變到後來，有人也以夢見蟒蛇或大蛇為生兒子的徵兆。不管是夢熊生男或夢蛇生女，這都是沒有科學根據的說法。與「夢熊之喜」相映成趣的是「麒麟送子」，民間傳說祥獸麒麟會給人們帶來兒子，使家族興旺。

【兩鼠鬥穴】

兩隻老鼠在狹窄的洞穴中互相爭鬥。比喻敵對雙方在險狹的地方相遇，只有勇往直前的一方才能獲勝。或用作諷刺人短視無知，為小事而爭。

這則成語出自《史記．卷八十一．廉頗藺相如傳》：「其道遠險狹，譬之猶兩鼠鬥於穴中，將勇者勝。」人生苦短，為了小利而相爭，拚死拚活，實在是不值得的。但對老鼠來說，住居是很重要的，爭穴不是爭小利，而是爭大利。

老鼠繁殖力之高，眾所周知。所謂的「鼠算」，雖然不過是理論上的數值，但仍具有參考價值。說明如下，假設年初一月一日有一對老鼠，牠們在一月間生十二隻仔鼠，其中雌雄鼠各佔一半，如此包括親代的雌雄鼠共出現七對老鼠，牠們到了二月每對又產下六對老鼠，各變成七對，如此每個月老鼠對數都增為七倍，如此到了十二月，老鼠的對數多達七的十二次方，由於一對老鼠是兩隻，要再乘以二，因此至十二月底，共達二千七百六十億八千二百五十七萬四千四百六十二隻。一對老鼠一年後竟然能繁衍出如此天文數字的後代，實在不可思議。

老鼠要發揮驚人的繁殖力，至少有兩個前提，一為充分且富有營養的食物，二為能夠放心生產的適當場所。就食性而言，老鼠的食物很雜，幾乎人吃的食物牠們都可以吃，而且胃口很大，每天可以取食自己體重五分之一至三分之一的食物。以居所來看，在野外，以老鼠為獵物的肉食者不少，包括黃鼠狼（黃鼬）、老鷹、蛇等，為了躲避牠們，老鼠必須尋找隱密且溫暖的場所，在此築巢、繁殖。當我們疏於清理住家環境時，很多角落就會變成適合老鼠築巢的地方。例如牆壁下面的小洞就是老鼠喜歡利用的出入口，牆壁裡面的小洞則是很理想的產房，常成為兵家必爭之地。

我們常在一些影片或圖片上看到，一大群老鼠一起取食、狀似和諧的畫面，其實這些都是食物充足時的特殊情況。一般來說，老鼠，尤其雌鼠，各有自己的地盤，除了交尾期讓雄鼠進入地盤交尾外，其他時期完全不容許別的鼠隻踏近一步。其實雄鼠也不例外，交尾後就被趕出來。此外，老鼠也有互相殘殺的特性，當食物略為缺乏時，牠便開始遷離或者自相殘殺，取食同類的肉來填飽自己的肚子。

領域對老鼠的繁殖工作到底有多重要？從以下介紹的試驗結果，可以窺知一二。由於收容老鼠的圍牆裡每天供給充分的食物，新加入的幼鼠，即使出生後沒有母親照顧，仍能正常發育。有母親的幼鼠，可以在母鼠的領域旁建立自己的領域，或接收母鼠所讓出的部分領域；但沒有母親的幼鼠便始終沒有自己的領域。當這些幼鼠長大後，調查牠們的懷孕情形，可以發現擁有領域的後代雌鼠還能受孕，不具領域的雌鼠卻幾乎無法受孕。不過，移去大多數擁有領域的雌鼠，讓其他老鼠形成自己的領域，牠們的受孕率就明顯地升高。由此可知，擁有領域對老鼠的繁殖工作有很重要的影響。

「兩鼠鬥穴」，在人看來或許不算什麼，只是無謂之爭，短視近利；但對老鼠來說，那可是長遠之爭，是關係自己能否多子多孫的終身大事呢。

【鼠目寸光】

形容人目光短淺，識見狹小。

【相似詞】目光短淺、目光如豆、孤陋寡聞。

【相反詞】明察秋毫、目光如炬、高瞻遠矚。

許多成語都拿老鼠的小眼睛作文章，形容人眼神飄忽不定，鬼鬼祟祟，心術不正、眼光差，例如「獐頭鼠目」、「蛇頭鼠眼」、「賊眉鼠眼」。老鼠的視力到底如何？由於老鼠的種類超過一千種，佔整個哺乳類動物種類數的四分之一，在此我們就以住家常見的黑鼠（*Rattus rattus*，熊鼠、屋頂鼠）為例，一探牠的視力。

仔細觀察黑鼠的眼睛，會發現它和近視眼者的眼睛一樣，都是略為凸出來。的確，黑鼠是近視眼！只能模糊地看到一公尺遠的東西，為了彌補這個缺陷，牠利用嘴部前端的鬍鬚來探路。不妨自己做個觀察，捉來一隻老鼠，把牠放在房子中央，起初老鼠只動一下鼻尖，不敢走動，觀望了一會兒後，牠開始小心翼翼地慢慢走動，用嘴部前端的鬍鬚勘察路況，就像我們蒙住眼睛，戰戰兢兢一步一步走，用手四處摸索，怕跌倒的樣子。當老鼠的鬍鬚碰到牆壁時，牠的動作立刻變得敏捷，讓鬍鬚一直碰觸到牆壁，沿著牆壁跑。由此可知，老鼠的眼睛沒多大作用。其實視力不好也無妨，反正牠都在晚上或暗處活動，觸覺、聽覺對牠而言更有用。

不僅如此，老鼠很可能還是色盲！眼睛的網膜是由桿狀體與錐狀體組成的，前者在黑暗處還能反應光線，後者只能在白天反應，黑鼠是夜行性動物，桿狀體較發達；而夜間看東西，要看到顏色是不太可能的。順便一提，牛也是色盲。雖然鬥牛時，鬥牛士不斷在牛面前搖擺紅布，希望牛興奮起來，其實讓牛興奮的，是牠面前搖動的一大塊布，跟布的顏色無關。

有意思的是，包括防鼠工作人員在內，多數人都認為老鼠比較喜歡紅色，因此把殺鼠的毒餌染成紅色，或放入紅色的袋子，甚至消防單位禁止使用紅色的瓦斯管，以防被老鼠咬破，造成瓦斯外漏。在試驗室裡，分別在紅、黃、綠、白等色光線下放置食物，觀察老鼠的取食行為，結果發現老鼠的取食率不受光線顏色的影響。觀察老鼠對各種顏色的塑膠管或橡皮管的反應，也發現牠並不偏愛紅色，不但咬碎這些管子，還把碎屑吃下去，將它完全消化掉。原來不少種類的老鼠喜歡含有油脂的食物，塑膠的原料是石油，橡皮來自橡樹的樹脂，對牠來說，都是好東西。老鼠食性之雜、消化功能之強，可見一斑。

所以，以「鼠目寸光」來形容人眼光短淺，非常妥切。

【鼠肚雞腸】

比喻心胸狹窄，度量小。又作「小肚雞腸」、「鼠腹雞腸」。

老鼠在哺乳類動物中算是小型的，身體小，當然肚子就不可能很大。雞在禽類中也不算大型，牠那細而曲折的腸道用來形容人氣度狹小，是滿貼切的。

雖然體型小的動物善於利用小空間生活、生長速度快、繁殖率較大，但另一方面，因為力氣小，容易受到大型動物的欺侮，甚至被吃掉。此外，牠們還有一個致命性的缺點，那就是身體小，身體表面積與體積之比相當大，體熱和水分從體表散逸得較快，容易造成脫水的情形。以正方形的物體為例，一邊一公分的正方體，表面積為六平方公分，體積為一立方公分，兩者之比為6：1；一邊二公分的正方體，表面積與體積各為二十四平方公分與八立方公分，兩者之比為3：1；當一邊三公分時，表面積與體積各為五十四平方公分、二十七立方公分，兩者之比為2：1，當邊長增加到十公分時，表面積與體積各為六百平方公分、一千平方公分，兩者之比為1：0.6。由於體熱不斷地從身體表面散逸，為了保持一定的體溫，所有的動物都必須取食以補充熱量，身體表面積與體積之比較大的小型動物，更應如此，但是牠們的胃容量很小，只有不斷地補充食物才能維持生命。以老鼠來說，牠每天通常取食自己體重四分之一到三分之一的食物。

老鼠是小型的哺乳類動物，但不是最小型的。屬於食蟲目的尖鼠類，比老鼠更嬌小。尖鼠是祖先型的哺乳類動物，從名字就知道，牠有尖尖的口吻，外形像老鼠，其實牠和老鼠的類緣關係相當遠。其中超微尖鼠（*Sorex minutissimus*）體長四．五～五公分、尾長三公分，體重不到二公克；香鼩鼱（*Suncus etruscus*）體長三．五～四．五公分，尾長三公分，重約二．五公克。牠們和豬吻蝠（*Phyllonycteris* sp.）中體長三公分、體重不到二公克的一種，並列為最小型的哺乳類動物。

超微尖鼠棲息的地方不是高山，就是西伯利亞等地的凍原，為了在惡劣的環境下存活，牠一天取食體重兩倍、約四公克的食物，好比體重六十公斤的人，每天吃一百二十公斤的食物，取食量之驚人，令人咋舌。由於超微尖鼠身體小，腸子較短，消化速度奇快，取食三個小時後，食物就通過腸子。牠一次所取食的食物，只能維持一、兩個小時的體能，如果四個小時沒有吃東西，就會餓死。因此牠不得不邊休息邊吃東西，往往只休息約四、五分鐘，又開始取食。雖然牠的壽命只有一年到一年半，不過其間還能生產二～三次，經過二十天左右的懷孕期，生下五～七隻嬰鼠。嬰鼠出生時全身光禿無毛，閉著眼睛，經過約二十天的吸乳，眼睛張開，再過四、五天，離開母鼠而獨立。

雖然超微尖鼠取食量大，但牠的身體仍舊苗條，這點應該讓那些每天為了減重而傷腦筋的人很羨慕吧。牠之所以吃不胖，原因在於為了覓食，牠一直不斷地動，消耗熱量。有些人只靠節食來減重，反倒容易引起肌肉萎縮，基礎代謝量降低，致使減重效果不彰；其實多運動而不攝食過量，才是正確的減重方向。

【稷狐社鼠】

以五穀神廟為窩的狐狸，以土地神廟為窩的老鼠。比喻憑藉權勢肆意妄為、作威作福的人。

【相似詞】城狐社鼠、稷蜂社鼠。

這則成語來自漢代劉向的《說苑．卷十一．善說》：「且夫狐者，人之所攻也；鼠者，人之所燻也；臣未嘗見稷狐見攻，社鼠見燻，何則？所託者然也。」為什麼藏居在五穀神廟、土地神廟裡的狐狸、老鼠，人們不敢捕殺？因為有所顧忌，怕損毀神廟，對神不敬，招致了神譴。就因為這樣，狐鼠之輩有恃無恐，敢仗著神廟肆虐，劉向藉此批評圍繞在國君身旁難以驅散的奸臣們。

廟裡的老鼠離我們較遠，但家居裡的老鼠和我們關係密切，牠們的囂張給我們的生活帶來很大的困擾。牠們之所以能這麼活躍，主要是因為我們的生活環境提供牠們豐盛的食物，從某個角度來看，我們未嘗不是在飼養老鼠，參與牠們的繁殖計畫。當人們任由家屋裡的老鼠繁殖，不去防治，很快就會發現繁殖力旺盛的牠們，短時間內就子孫滿堂，後代遍及周圍的房舍，位在郊區的養雞場就是典型的例子。

由於營養豐富的養雞用飼料也是老鼠喜好的食物，老鼠們一逮到機會，就取食倉庫裡的飼料或雞吃剩的飼料，甚至還會偷吃雞蛋，因此老鼠迅速繁殖，並蔓延到周邊地區，若到此時才致力於周邊地區的防治老鼠工作，效果通常很有限。以滅鼠劑殺死老鼠，卻保留了老鼠滋生的溫床，也等於保留了蒼蠅產卵、發育蛆蟲的垃圾場，這時再以蒼蠅拍或捕蠅器消滅蒼蠅，根本殺也殺不完。因此，若想杜絕「社鼠」型的囂張鼠輩，要把防治重點放在牠們的滋生地。

關於老鼠的防治，不外乎以下三大原則：

一、**杜絕供糧：**老鼠的食慾很好，食量雖然依季節及環境等條件而異，但即使是炎熱的夏季，牠也會吃下大約體重四分之一的食物；冬天為了維持體溫，更會吃下高達體重三分之一的食物。從這點就可以知道，在家畜及家禽養殖場裡，老鼠所造成的飼料損失有多大了。不過，食量大也是牠們的一大弱點。在進行幾天斷糧措施後，當牠們發現此地食物短缺，便會離開，到別處覓食。事實上，老鼠最喜歡的棲所就是食物豐盛且管理不佳的地方，例如一些營業到深夜的餐廳打烊時，工作人員匆匆收拾餐桌、地板或廚房裡的東西，留待第二天營業前再好好清掃，這一夜的空檔正好讓老鼠可以大飽口福，第二天工作人員清掃的便是老鼠吃剩的食物。因此，維持環境的整潔、讓老鼠沒東西可吃，是落實老鼠防治工作最基本且最重要的項目。利用含有殺鼠劑的毒餌滅鼠，是目前最常見的防治方法之一，為了讓老鼠只取食毒餌，斷糧措施勢在必行。

二、**不提供居所**：老鼠跟其他大多數動物一樣，偏好在隱蔽、安靜、不受干擾的地方居住。在我們的房屋裡，最容易被老鼠利用的就是貯藏室、衣櫃角落、大型傢俱後面，此外抽屜、沙發椅裡面也是可能的造窩場所。我們若勤加打掃這些地方，干擾牠們的造窩活動，有助於杜絕牠們的滋生。另一點很重要的就是，舊衣、紙張等雜物是老鼠造窩的主要材料，所謂的「水清則無魚」，徹底清除這些雜物，可以降低牠們造窩的機會，達到「屋清無鼠」的地步。

三、**禁止偷渡**：既然屋裡有老鼠侵入，一定就找得到牠的出入口；要把出入口堵起來，以免老鼠再侵入。老鼠的出入口很小，大概就是牠頭部穿得過去的大小；以大型的黑鼠、褐鼠來說，直徑三公分的小洞已足夠牠們進出了，因為牠有縮起肩膀穿過狹洞的本事。要找出老鼠的出入口，需要一點技巧。趁晚上老鼠該出來的時候靜靜地開燈，老鼠一看到燈光，會匆忙地往回走，這時你就知道牠的出入口在哪裡。切勿追趕牠，免得牠慌張躲進傢俱後面，或一溜煙就不見了。老鼠的出入口一旦被堵住，牠就失去賴以存活的生活基盤，就不能為所欲為了。

【窮鼠齧貓】

老鼠雖然怕貓，但被追急了，也會反過來咬貓。比喻人走投無路時，會起而反抗。

這則成語出自漢代桓寬的《鹽鐵論．詔聖》：「死不再生，窮鼠齧狸。」的確，被逼到無路可走的地步時，索性放手一搏，這是很自然的事。

貓和老鼠之間的恩怨情仇，自古至今一直都是寓言故事、童話，甚至卡通熱門的題材，諸如《伊索寓言》裡有把鈴鐺掛在貓脖子的老鼠，有城市老鼠和被貓嚇得跑回家的鄉下老鼠，迪士尼卡通「湯姆貓和傑利鼠」和「米老鼠」、華納卡通「大野貓與金絲雀」（Bugs Bunny and Tweety show）裡都有刁鑽的「壞貓」等等。本來貓和老鼠在自然生態系中，就是以「捕食者和獵物」的關係存在，這種關係從數千萬年前捕食性哺乳類動物出現時就開始，但大約在一萬年前，人類進入農耕時代，把收穫物貯存於自己的居所食用，及作為下次播種之用，老鼠循著美味入侵倉庫，開始取食貯存農作物、與人類為伍的生活。從五、六千年前古埃及壁畫中即知，當時的埃及人已開始飼養利比亞野貓來捕食老鼠，我們現在所謂的「家貓」就是從利比亞野貓馴養而來的。

我小時候養過兔子、松鼠等不少動物，兔子本來很乖巧，當我硬要抱牠時，牠反咬我一口，流了不少血，現在想來，那就是「窮鼠齧貓」。但被兔子咬，跟被貓、狗咬的感覺又不一樣。兔子咬人是用門牙，傷口較深，但面積不大，血流得不多；貓、狗咬人，則是用犬牙（獠牙）撕裂，被牠們咬時，就好像被利刀刺了一下，傷口較大，血流得較多。至於老鼠用來攻擊敵人的武器，是牠們嚙咬核果、樹皮時用的門牙。

老鼠的門牙呈鑿子狀，穿進皮膚時，造成的傷口並不大，有時只形成兩個小小的深洞，出血量不多，沒被貓、狗咬時那樣痛，傷口也容易癒合，因此易讓人以為無大礙，其實若疏於護理，內部組織未完全恢復，易從傷口深部開始化膿，甚至引起潰爛。

雖然老鼠齧貓不是常態，只是情急之下的奮力一搏，但這狠狠一咬，還是能讓貓感到疼痛的，若受驚的貓一時猶豫，老鼠還可以趁機逃跑；被老鼠咬過的貓，以後看到老鼠都會特別戒慎。所以，「窮鼠齧貓」還是有一定的嚇敵效果的。

【蟲臂鼠肝】

比喻微賤的事物。又作「鼠肝蟲臂」。

這則成語出自《莊子．大宗師》：「偉哉造化，又將奚以汝為？將奚以汝適？以汝為鼠肝乎？以汝為蟲臂乎？」原是強調在偉大的造物者的主導下，形體大的人也可以化作小物，後來用作形容微小、無價值的東西。唐代詩人白居易在〈老病相仍以詩自解詩〉詩中，曾如此自我解嘲：「蟲臂鼠肝猶不怪，雞膚鶴髮復何傷。」

這裡的蟲臂指的是什麼？當然，昆蟲學沒有這樣的用詞，有人認為是指昆蟲的翅膀，也有人推測是昆蟲的腳，或腳和身體連接的部位，如「螳臂」之類的形容。不管指的是哪裡，昆蟲身體小，「蟲臂」的部位當然更小。

至於鼠肝，似乎比較容易了解。所謂的鼠類，指的是哺乳類嚙齒目鼠亞目的動物，其中包括五科一千一百三十八種，約佔整個哺乳類動物種類數的四分之一。由於種類多，體型的差異也大，從體長超過一百三十公分的南美產水豚，到體長僅六～七公分的田鼷鼠，大小不等，如此肝臟的大小也有很大的差異。就以我們最常見的褐鼠來說，雖然一般動物學書上說體長二十二～二十五公分，體重二百～三百公克，其實因生活環境不同，尤其食物條件有別，體型差異相當大。例如東京銀座鬧區，酒吧、餐廳林立，在此捉到過體重近一公斤的褐鼠！就一般的褐鼠而言，牠的肝臟大約四十～五十公克，約佔體重的五分之一，這樣的比例是大是小，見仁見智，不過肝臟的重要性不容忽視。

肝臟是哺乳類動物（包括人類）多種內臟中，體積最大的，它也扮演極其重要的角色。其主要功能如下：一，是蓄積肝醣、葡萄糖及多種脂溶性維生素如A、D、E、K等營養的貯藏庫。二，是身體的化學工廠，凡是進入身體的物質都要在這裡經過處理，它將有用成分送到身體其他部位，將有害成分分解為無害物質，再經由尿液或膽汁排出體外。因此當肝臟功能降低時，容易引起中毒。三、是廢棄物處理場，在脾臟等器官分解的舊紅血球等殘留物質，被送到肝臟，在此變成膽紅素，排入膽汁中，再排出體外。

膽汁本身有分解脂肪的作用。喝酒時，從胃及小腸吸收的酒精先進入血液，再進到肝臟，經過氧化作用變成乙醛，再變成醋酸，最後分解成水和二氧化碳排出體外。

分解過程順利時，身體當然沒有問題，但喝酒過量時，生產的乙醛量增加，肝臟的乙醛分解工作負擔就加重。乙醛是毒性較強的化合物，未被分解而留在肝臟時，會引起所謂的「宿醉」。當肝臟忙著處理乙醛，無法充分分解脂肪時，脂肪一惡化，就容易形成肝炎、肝硬化等病症。

此外，肝臟對蛋白質的合成，也扮演舉足輕重的角色。蛋白質是動物必需的營養成分之一，在體內分解為氨基酸，然後再合成為該種動物特有的蛋白質。肝臟合成血液中多種蛋白質，其中又以血蛋白最重要，因為血蛋白一減少，血液的滲透壓就會下降，造成臉部及四肢浮腫，甚至產生腹水。另外讓血液凝固的重要蛋白質「凝血因子」，也是由肝臟製造的。根據實驗，肝臟切除的狗，若只以醣類飼養，還能存活數天，但若在飼料中添加肉類時，牠會因氨中毒而暴斃。

由於肝臟在動物體內扮演多種角色，其構造甚為複雜，至今雖已開發出人工心臟、人工腎臟等，但尚未能完成人工肝臟的開發。事實上，最近科學家才從初生嬰兒的臍帶中取得幹細胞，培養出人體肝臟組織，據推測，要將人工培養的肝臟移植到人體，還要等上數十年。

鼠肝之於鼠，一如人肝之於人，其重要性不在話下。所以，「鼠肝」雖不大，還是不能小看它。

【羅雀掘鼠】

比喻想盡辦法籌措款項。

這則成語出自《新唐書．卷一九二．忠義傳．張巡傳》：「睢陽食盡，至羅雀掘鼠，煮鎧弩以食。」睢陽城守將張巡、許遠，因為安祿山叛變，而被圍困，眼見食糧已盡，不得不張網捉麻雀、挖洞捉老鼠來充飢。

年紀略大的人或許吃過烤麻雀，但由於禁獵野鳥的關係，在台灣，現在已難嘗到那種美味的小吃了。至於老鼠肉，多數人聞鼠就色變，更別提吃牠的肉了，但在三十年前吃老鼠肉的行為在亞洲南部相當常見，菲律賓還曾出現星牌（Star）的鼠肉罐頭，這個品牌取自英文的Rats，但這種罐頭銷路不佳，工廠不久就關閉了，其實這種結果是可以預見的，農田裡很容易捉到老鼠，何必花錢買罐頭呢。據東南亞地區吃過老鼠肉的人說，老鼠肉像雞肉，相當可口。這是理所當然的，當時老鼠是該地最重要的稻田害獸，資料顯示，當時鼠害造成的減產量約達稻米總產量的四分之一，也可以說，四個農民中就有一個人是為老鼠種稻的！再換句話說，當地的老鼠都是吃米長大的，牠們的肉比吃草長大的牛、羊的肉美味，當然不難想像。

一位英籍動物專家在加拿大北部從事野狼生態的調查，當他發現野狼的主食是鼠類，為了深入了解野狼的生活，決定自己捉老鼠來吃看看。他把捉來的老鼠剝皮、去掉內臟，洗淨後煮熟調味，鼠肉比較清淡，但多加一點調味量就相當好吃。他在紀錄中寫道：「吃老鼠一個星期以來，我的體力並未衰退，也不覺得身體不適，但我真想吃油膩一點的食物。」後來他發覺自己做錯了，原來野狼吃的是整條老鼠，大部分的脂肪都在內臟，而非肌肉。「後來我改吃剝了皮、但未去除內臟的老鼠，如此不再有缺乏脂肪的感覺，有興趣的人不妨試試看。」

他的這種看法是滿有道理的。內臟除了脂肪外，還含有其他營養物質，尤其是肌肉中含量極少的多種維生素、無機鹽類。掠食性動物得到獵物後，最先取食的部位就是內臟，一些以狩獵維生的人們，也養成先取食獵物內臟的習慣，例如愛斯基摩人捕到馴鹿後，就先取食馴鹿消化管裡的內容物，從中攝取平常很少獲得的維生素C。

老鼠的同類竹鼠，又名芒鼠，據說肉質鮮嫩可口，營養豐富，是中國西南少數民族自治區的野味名菜，民間流傳著「天上斑鳩，地上竹鼠（溜）」的說法。竹鼠肉的吃法有燒烤、清蒸、紅燒等。

【梧鼠技窮】

比喻技能雖多但不精。又作「鼫鼠五技」、「鼯鼠五技」。

這則成語出自《荀子．勸學》：「螣蛇無足而飛，梧鼠五技而窮。」這裡的梧鼠就是我們現在說的鼯鼠，與松鼠構成嚙齒目的松鼠科。由於牠前肢與後肢之間的腹面皮膚特別發達，變成飛膜，可以在樹間滑翔，因此又叫做「飛鼠」。飛膜大大提升了鼯鼠的移動能力、擴大牠的活動空間，但付出的代價是在樹上的敏捷度降低，又因為會滑翔，目標較為顯著，容易成為肉食性動物的獵食目標，只好採用夜行的生活方式。

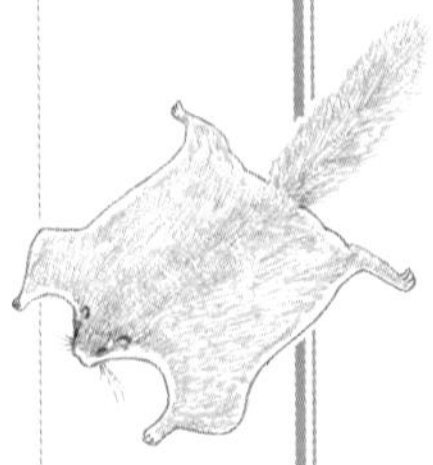

《荀子》所謂的「梧鼠五技而窮」，到底是指哪五技？唐代楊倞在注《荀子》時寫道：「梧鼠當為鼫鼠。」漢代許慎的《說文解字》如此定義鼫鼠的五技：「能飛不能上屋，能游不能渡谷，能緣不能窮木，能走不能先人，能穴不能掩身。」其實鼯鼠只會其中三技，「滑翔」（能飛）、「爬樹」（能緣）、「步行」（能走），牠怕水，也不會掘洞，利用的是現成的洞或別隻動物棄守的洞。五技之說，除了肇因古人動物知識不足，我想取「五」，多少也是為了配合「梧」的發音吧。在這裡，五可以看作「多數」，正如我們也以「三」為多數。

無論如何，在哺乳類動物內，鼯鼠算是活動方式較為多元的一種。雖然牠的滑翔遠不如蝙蝠的飛翔來得靈巧、爬樹技巧也遜於松鼠及一些猴子，比牠跑得快又跑得久的動物更多，真可說樣樣都行，卻樣樣都不精。但「比上不足，比下有餘」，比鼯鼠更有資格稱為「五技而窮」的，可能是螻蛄。

螻蛄的前腳呈鏟子狀，可以挖土，步行當然也沒問題；較粗的後腳，讓牠既能跳躍，也能游泳；兩對翅膀，提供牠飛翔的能力。牠雖有「挖土、步行、跳躍、游水、飛翔」這五技，卻也樣樣不精，只能說達到「勉強可以」的程度，就像我們社會中，什麼都懂一點、但稱不上專家的那種人。

哺乳類動物中「五技而窮」的，除了鼯鼠外，還有夜行性的鼯猴（避日猴）。鼯猴是一般人相當陌生的動物，是東南亞的特產，至今只發現兩種：菲律賓鼯猴（*Cynocephalus volans*）與馬來亞鼯猴（*Cynocephalus varigatus*）。跟鼯鼠一樣，牠們也利用皮膜滑翔，飛膜自下顎部延伸至尾部末端，比鼯鼠更發達，因此滑翔能力比鼯鼠高超。牠能以六角形風箏的姿勢，滑翔一百多公尺，鼯鼠頂多滑翔五、六十公尺。鼯猴在樹上的活動力很差，大部分的時間都靜靜地吊在樹枝下。

動物分類學者曾經為鼯猴的分類傷透腦筋，牠曾被歸類在食蟲目，但牠的食物是植物，不是昆蟲；也曾被認為是與蝙蝠同類的翼翅目，但牠只能滑翔，不會飛翔；由於兩眼跟猴子一樣在臉部正前方，曾被歸於靈長目，但又有其他哺乳類動物沒有的特徵，例如門牙排列在口腔內的兩側、大腸比小腸長等。最後為了突顯最後這兩種特徵，特別為牠設了「皮翼目」（Dermoptera），這是在現有哺乳類二十目中，繼管齒目（土豬）及單孔目（鴨嘴獸）一目僅有一科一屬一種之後，只含一科一屬兩種的一目，是哺乳類第三少的一目。

其實不必談「五技」，在自然界甚難找到兩技皆精的動物。只就哺乳類動物來說，游泳專家鯨類根本不可能在陸地上生活；海豹、海象類也是游泳高手，但牠們在陸地上步行的模樣讓人不敢領教；蝙蝠的飛翔能力雖然能和一些鳥類相媲美，但牠的腳不適合步行，只能用來將身體倒掛在牆壁上；短跑高手獵豹有驚人的爆發力，但不能全速連跑二、三百公尺。其實何必樣樣都精，也不可能樣樣都精，因為顧此即失彼，只有發揮一技之所長，才能在激烈的生存競爭中存活下來。

【守株待兔】

比喻拘泥守成、不知變通，或妄想不勞而獲。又作「守株伺兔」。

這則成語出自《韓非子．五蠹》裡的寓言故事。相傳宋國有個農夫，有一次看見兔子撞樹而死，不費吹灰之力取得兔子，從此他不再耕作，一心守在樹旁，等待兔子撞樹，但終究一無所獲。當然，故事的宗旨在於勉勵人要務實，但單從動物學的角度來看，有幾個情節挺有意思，值得討論。

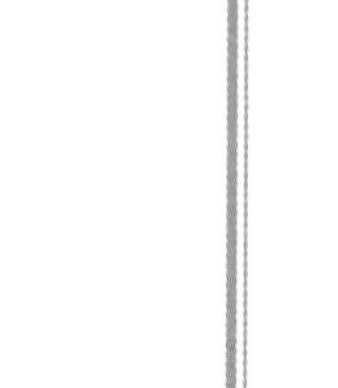

首先，這隻兔子是怎樣的兔子？是我們現在所說的穴兔，還是野兔？農夫的耕種工作多集中在白天，而野兔是夜行性動物，顯然農夫碰到白天活動的穴兔的機會較多。不過，穴兔有自己的隧道，接觸樹株的機會較少；倒是野兔常利用樹株下面的空洞，作為牠白天的藏身之處。所以，「守株待兔」的兔子到底是穴兔或野兔，仍是無解。關於穴兔或野兔的區別，在「狡兔三窟」單元中（見161頁）將有較詳盡的說明。

再來看看「守株」的做法是否真的呆板而不知變通？從事過野生動物生態調查或

打過獵的人都知道，陷阱位置的設定，是成敗的關鍵，因為大部分的野生動物覓食或尋偶時都會走一定的路線，在這條路線上設置陷阱，較容易有斬獲；在路線旁守候，也較有機會觀察牠們。野生動物常走的路線很自然地形成一條道路，牠們常踏的地面，土變得較平坦，或者在草叢形成一條所謂「獸道」的隧道。野外觀察者在森林草原探險時，就常沿著獸道前進。

不只地上活動的動物有一定的活動路線，蝴蝶、蜻蜓等也有一定的飛翔路線。因此，有經驗的昆蟲採集者常在定點守候、採集，若一次搖網失敗被牠逃走，仍繼續等在原地，因為不久牠又會飛回來，作巡迴般的飛翔。就昆蟲而言，飛翔在一定路線的目的，主要是視察牠們的領域。不過擁有領域的，僅限於一些處於優勢地位的雄蟲，居於次位的雄蟲則待在優勢雄蟲的領域附近。當擁有領域的優勢雄蟲被捕或因故消失時，居次位的雄蟲馬上將其領域據為己有。如果採集者發現雄蟲巡飛的路線，等候在一旁，伺機而動，就可以輕易捉到數隻雄蟲，那未嘗不是「守株待兔」，而且是「守株得數兔」。

這樣看來，如果那棵害兔子撞死的樹，剛好就在兔子的獸道上，那以後應該還有機會捉到兔子。所以，這則成語與動物的實際行為是有差距的。當然「守株」是要付上代價的，諸如時間、體力甚至金錢等，是否值得，就看個人的考量了。

【兔死狗烹】

兔子死盡，用來捕兔的獵狗因為失去作用而被烹煮。比喻事成之後，出過力的人即遭到殺戮或遺棄。大多指統治者殺戮功臣。又作「兔盡狗烹」。

【相似詞】鳥盡弓藏。

這則成語來自《史記．卷四十一．越王句踐世家》：「蜚鳥盡，良弓藏，狡兔死，走狗烹。」這是范蠡給文種的信裡的一句，范蠡點明越王句踐只可以共患難，而不能共富貴，提醒文種：當利用價值沒有了，下場必然悽慘。

這讓我想起一九五七年十一月三日蘇俄發射的第二顆人造衛星「史潑尼克二號」（Sputnik 2），它將一隻名為萊卡（Laika）的母狐狸犬送上外太空。不過萊卡的太空飛行是條不歸路。蘇俄在衛星發射之後，隨即公開表示，他們並不打算讓萊卡重回地球。原來「史潑尼克二號」並未設計返回地球的旅程，萊卡用盡太空船中的食物、氧氣等資源後，就功成而身亡。

其實蘇俄早在一九四〇年代後半期起，就利用獼猴、白老鼠和狗來研究太空飛行對生物的影響，但搭上火箭升上數千公尺高空，真正飛到太空圈的動物，萊卡是第一個。「史潑尼克二號」中，有專為萊卡準備的各項設施，例如類似現在自動販賣機的定期供給食物裝置、協助降溫的設備等等，根據起飛六天後從地上電視的觀察，萊卡的情形看來正常。蘇俄當局對外宣稱，萊卡在地球軌道存活約一週後才無疾而終。萊卡被視為是為科學殉身的忠狗，在許多國家得到很大的肯定，在莫斯科有紀念萊卡的雕像，甚至在芬蘭出現名為「萊卡與太空人」的樂團。

雖然蘇俄當局表示，萊卡是「窒息而死」，但不少人對其死因有所質疑，各種臆測紛起，諸如起飛後數天遭故意安排的有毒食物毒死、因為自動供餌機故障而餓死、受到強烈的太陽光照射而熱死等，更有專家質疑萊卡很可能在衛星發射後幾個小時內，就死於高溫與壓力。「史潑尼克二號」在繞行太空二千三百七十周後，於升空後的第一百六十二天在加勒比海上空爆炸，殘骸中不見萊卡的遺骸。

受到蘇俄太空研究屢有突破的刺激，美國在一九五八年十月正式成立太空總署，積極從事送獼猴上太空的相關研究。一九五九年五月二十八日，美國太空總署成功地將兩隻母猴送上約五百公里的高空。這兩隻母猴後來雖然安全回到地球，但年紀較大的一隻，返回地球後一個禮拜就宣告死亡。

在萊卡犧牲三年後的一九六〇年八月十九日，蘇俄的「史潑尼克五號」順利將兩隻哈士奇母狗，連同兩隻老鼠、四十隻白老鼠、數百隻昆蟲及多種植物，送到太空。這兩隻狗戴上了新開發的太空安全帽，在太空繞行了十八周後，平安返回地球。雖然所有的植物與昆蟲都死於旅途中，並有十二隻白老鼠喪生，但令人振奮的是，兩隻哈士奇、老鼠和二十八隻小白鼠完成了艱巨的太空任務。

一九六一年四月十二日，在進行了二十九次載狗發射、十條小狗獻出寶貴生命之後，蘇俄的首位太空人尤里・加加林（Yuri Gagarin, 1934-1968）搭上太空船「東方一號」（Vostok 1）繞行地球一周，約一小時四十八分鐘後，安全飛回地球；此舉為人類的太空事業開啟了新紀元。

萊卡死於「史潑尼克二號」爆炸之前，可以謔稱為「狗烹兔死」。不管牠的死因為何，牠的貢獻值得一書再書。正是有包括萊卡在內的許多動物的犧牲，今日的太空科技才會如此突飛猛進。

【狡兔三窟】

狡猾的兔子有三處藏身的洞穴。比喻有多處藏身的地方或多種避禍的準備。又作「三窟狡兔」。

這則成語出自《戰國策·齊策四》：「狡兔有三窟，僅得免其死耳。今君有一窟，未得高枕而臥也。請為君復鑿二窟。」這是孟嘗君的食客馮諼對孟嘗君說的話，意在提醒他，隨時有周密的避禍之策，才不會陷入絕境，後人引申為做事留有餘地，進可攻，退可守。

兔子真的這麼狡黠嗎？這裡所謂的「狡兔」，在動物分類學上到底屬於兔形目兔科中的哪一種？已知兔科有四十五種兔子，依其習性特徵，大致可以分成野兔與穴兔兩大類，在英文裡兩者分得較清楚，野兔叫hare，穴兔叫rabbit。

造「窟」而居的是穴兔，牠們成群結隊地築造大型隧道，在此居住、產子及育幼，用「狡兔三窟」來形容牠們是相當適切的。由於有隧道的保護，剛生出來的穴兔寶寶不需長毛，全身禿裸，眼睛也沒張開，現在擁有八十多種「品種」的家兔，全都是由歐洲產的穴兔（*Oryctolagus cuniculus*）育種出來的，出生時沒長毛，眼睛也是緊閉著。

野兔沒有築巢的習性，完全是夜行性，白天棲身在草叢裡或樹株下的洞裡，也以此處為生產的場所。由於這種藏身之所不夠隱密，剛生下的小兔全身長了毛，以保護身體，而且眼睛也張開著，出生不久即可走動。如此看來，這則成語中的狡兔必是穴兔。

但以齊國孟嘗君（生年不詳，卒於公元前二七九年）的年代，或《戰國策》成書的西漢末年（公元前一世紀後半期）來看，當時中國大陸地區應該只有野兔，穴兔只分布於歐洲中、南部至北非的草原、森林等地區。穴兔被馴養育種成家兔，是在十一、十二世紀期間，始於地中海沿岸地區，作為狩獵之用，而後逐漸擴大到歐洲各地，十五世紀以後以肉用、皮用傳到亞洲，大約到了十八世紀，把兔子當寵物飼養的風氣才開始流行。所以，我對「狡兔三窟」這則成語有些困惑，古人如何在沒有挖洞習性、且完全夜行性的野兔身上，觀察到「三窟」的情景？是源自天馬行空的想像嗎？

順便一提，在早期的動物學書籍裡，兔子、老鼠和松鼠一併歸在嚙齒目，但由於兔子具有與牠們明顯不同的特徵，最近兔類被分出來，另設兔形目。兔子和老鼠有諸多不同，其中之一是，老鼠的上顎只有兩支門齒，兔子則在上顎兩支門齒的內側，另有兩支，即共有四支門齒。此外，兔子顎部骨頭肌肉的構造，也和老鼠不同。詳細觀察兔子吃東西的情形即知，牠啃咬時，上、下顎朝左右方向咬動。鼠類和貓、狗等肉食目動物吃東西時，則是上、下顎朝上下方向咬動；只有以堅硬葉片等為食物的牛、馬、羊等有蹄類動物，才可以讓顎部向上下、左右方向運作。

【香象渡河】

香象過河，能直到河底。比喻悟道精深。也用於稱讚詩文寫得精闢、透澈。又作「渡河香象」、「香象絕流」。

這則成語出自《優婆塞戒經．卷一》：「如恆河水，三獸俱渡，兔、馬、香象。兔不至底，浮水而過；馬或至底，或不至底；象則盡底。」佛教以兔子、馬、大象過河足跡的深淺，來比喻悟道程度的不同。兔子的足跡最淺，大象的最深，只有大象才能徹底截住水流。這裡講的香象就是大象，由於大象在印度、斯里蘭卡、緬甸和泰國等佛教國家受到尊崇和膜拜，佛經裡又有名為「眾香」的佛國，所以很自然地大象就被美稱為「香象」。而「香象之最」則非白象莫屬了。

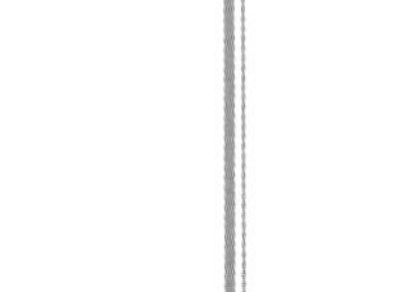

所謂的白象，其實是細胞內染色體的遺傳基因發生突變的結果，但因為數量稀少，而倍加珍貴。白象有嚴格的認定標準，眼睛、上顎、指甲、尾巴上的毛、皮膚、體毛和睪丸都「近乎白色」，才稱得上是「白」象。

相傳釋迦牟尼的母親、波羅奈國的王后摩耶夫人，一日夢見一頭小白象，載著一個活潑可愛的小男孩乘雲而來。小男孩突然從象背上跳下來，鑽進夫人的肚子裡，白象大吼一聲後就飛走了。後來王后便懷了釋迦牟尼，從此白象變成神聖祥瑞的動物，也象徵至高無上的王權。例如在泰國，只有國王才有資格擁有白象。泰國的古名暹羅，意思就是「偉大的白象之國」，暹羅國旗是紅底有白象的圖案。

古印度神話《本生譚》（*Jataka*）第五四七節中，也有關於白象的一段，提及白象全身純白，是吉祥的象徵，所到之處必有慈雨，得解農民所受的乾旱之苦，又說大象有以下五種特性，可當修道人的典範：一、大象走路，彷彿要踏碎大地，修道者也應如此，要在他的默想中破碎一切雜念煩惱。二、大象看前方時，是整個身體正視前方，不會左顧右盼，修道者也應如此，正視修道目標，不可猶豫不決。三、大象沒有固定的休息覓食之處，修道者也應在原野森林中堅定前行。四、看大象四肢移動的情形，就知道牠的腳是一步一步穩重踏實地挪移，修道者也應如此，在正確堅固的信念下，不疾不徐、按部就班地做出每個舉動。五、大象喜歡在開滿蓮花的清冽池水中玩耍，修道者也應如此，在心靜的大蓮花池中，以智慧追求真理。

從最後一點即可看出，大象與水有密切的關係，尤其在印度的少雨地區，水是生命之源，當神聖的大象或白象靜靜地涉過清冽的河流，那種祥和平靜的畫面，令人感到震撼、產生敬畏，古人或許就是從這裡聯想到道理精深、文章充實的境界。前面提過，夢見白象進入體內是生子的吉兆，因此在泰國街上，有時可以看到大象被人牽著停在路上，讓女人從象腹下穿過，據說孕婦從右邊三次穿過象腹，可以順利生產，想要孩子的人如此做，也可以如願懷孕。

雖然白象是神聖的象徵，被視為尊貴之物，但飼養起來耗費不貲，只有王公貴族才養得起，所以就有一種說法，古印度或暹羅的國王對某個臣子不滿，不會直接處罰他，反而是送他一頭白象整他。白象既是國王贈送的神聖禮物，臣子當然不敢不收，收了也不敢棄養，只好以昂貴的飼料好好伺候牠，免得因照顧不周而受到國王的責罰。為了養這頭象，臣子最後終將落到傾家蕩產的下場。因此，在英文裡，white elephant有比較負面的形象，指的是華而不實、大而無當的累贅之物或讓人困惑的事物。在一些英國人或美國人的派對裡，有名為「white elephant giftexchange」的遊戲，大家帶一樣嶄新、自己卻用不上的物品，當作禮物來交換。有些美國家庭則是清出家裡多餘的物品在自家宅院或車庫前，搞起「舊物大拍賣」，斗大的海報標出了white elephant sale 的字樣。常常主人心目中的「白象」，可是令尋寶客眼睛一亮的奇貨呢！

【象齒焚身】

象因為牙齒有價值而遭到殺害。比喻人因財多而招來災禍。

【相似詞】懷璧其罪。

這則成語出自《左傳．襄公二十四年》：「象有齒，以焚其身，見有也。」和它有些相近的成語是「懷璧其（獲）罪」，不過這是比喻因「才」而遭忌遭陷。可憐的象因為象牙，而惹來殺身之禍。

雖然一九九〇年華盛頓公約組織（CITES）通過禁止任何象製品的國際貿易，但盜獵的陰影仍然籠罩在大象分布的國家。據估計，目前野地裡只剩下約三萬八千～四萬九千隻的亞洲象，至於非洲象，由於季節性的遷移及跨越邊界的分布，估算難度較高，有的報告推估應有四、五十萬隻，有的較保守，認為應有十多萬隻。

一般所謂的「象牙」指的是大象上顎的門齒，非洲象不論雌性或雄性，都有長牙，雄性的牙較大且長；亞洲象只有雄性才有長牙，雌性的牙不外露。但不是所有亞洲象的雄性都有長牙，約有百分之四十至五十的雄象沒有長牙，牠們分布在印度，被稱為Makhnas。象牙的功用不在咀嚼，而是作為掘取食物的工具（例如剝樹皮、挖樹根），或攻擊害敵的武器。它們不停地生長、變長，每年大約長十五～十八公分。

大象的英文是elephant，來自希臘文的elephus，意思是象牙，由此可知象牙對大象的意義。至於人類對象牙的利用及象牙的價值，眾所周知，不必我在此贅述。在這裡我想談的是，陸地動物中體型僅次於象，卻一樣面臨「焚身」命運的犀牛。

自古以來，在印度及中國，犀角被認為是壯陽、解熱、解毒的靈藥。在葉門等一些國家，犀角則被用來做劍柄。犀角與牛角、羊角的構造完全不同，牛角、羊角由骨質體所形成，犀角則是皮膚角質層纖維化的產物，也就是呈角狀的毛塊，折斷了還能再生。由於犀牛飼養不易，鋸斷活犀牛角的過程充滿危險，再加上犀牛棲息的原始林和草原，面積日益減少，犀角因而更顯得珍貴。

有鑑於犀牛數量銳減，現在世界各國已將犀牛列為瀕臨絕種動物，禁止犀牛的狩獵，但仍有少數唯利是圖的獵人，無視於法令的存在而偷偷獵捕，犀角經過不肖商人轉手，價格一升再升，為他們帶來豐厚的獲利，也更加刺激非法獵捕犀牛的行為。

據傳在黑市，犀角一支約值新台幣五、六十萬元，相當於亞洲犀牛分布地區農民十年的收入。不只亞洲，在非洲，黑犀牛與白犀牛也難逃人類的覬覦，面臨非法獵捕的命運。因為犀牛的肉是當地一些原住民喜歡的野味，而犀牛皮可做鞭子。

現存犀牛的數目不到一萬五千隻，其中約有一千一百隻由各地動物園和研究機構飼養，其餘為野生犀牛。不論野生還是人工飼養，獨角的亞洲犀牛的數目都遠比雙角的非洲犀牛少。在五種犀牛中，白犀牛約有八千八百隻；黑犀牛仍屬少見，只有約二千八百隻，但在非洲十四個國家協力保護下，數目已在慢慢增長。印度犀牛目前不到二千隻；蘇門答獵犀牛可能只剩下約一百五十隻；爪哇犀牛更是幾近絕種，只有五十多隻，棲息在爪哇西端的自然保育區。南非是目前唯一獲得「華盛頓公約組織」容許，可以合法狩獵犀牛的國家，但僅限於年老或已經沒有繁殖能力的犀牛。

【群盲摸象】

幾個盲人分別摸一隻大象，所摸的部位各不相同，每個人都認為自己才知道大象的樣子。比喻以偏概全，不能洞明真相。又作「盲人說象」、「眾盲摸象」、「盲人摸象」。

這則成語出自《大般涅槃經》裡的故事，講到古代有個國王，召聚盲人來摸大象，要他們說出大象長什麼樣子，摸到象牙的人說「大象長得跟蘿蔔一樣」，摸到耳朵的人說「大象長得跟畚箕一樣」，摸到頭部的人說「大象長得跟石頭一樣」，摸到鼻子的人說「大象長得跟杵一樣」，摸到腳的人說「大象長得跟木製的臼一樣」，摸到背的人說「大象長得跟床一樣」，摸到肚子的人說「大象長得像個甕」。由於每個人摸到的部位不同，對大象的外觀也有不同的看法。佛經以大象來比喻佛性，盲人則是芸芸眾生，提醒人不要只看到佛性的一部分，就執著於自己所認知的那個部分，而去非議別人的領悟，犯下以偏概全、不能了解真相的錯誤。

其實這則成語點出一個很有意思的問題：大象到底有多大？據《金氏世界紀錄》的記載，目前最大型的大象是，一九七四年十一月七日在東非安哥拉所獵到的雄性非洲象。牠躺在地上時，從肩部最高處至前腳末端長四．一六公尺；站起時肩高三．九六公尺；鼻端至尾巴末端長十．六公尺，前足周長為一．八公尺，體重十二．二四公噸，該巨象標本曾展示於美國華盛頓國家科學博物館。一八六五年起飼養在倫敦動物園、後來被賣到美國的名象Jumbo，肩高為三．三五公尺、體重為六．五公噸。雄性非洲象的平均肩高為三．二公尺，體重五．六公噸，雌象比雄象小許多，平均肩高為二．六公尺，體重二．五公噸。

前一單元提到的成語「香象渡河」的「香象」則是亞洲象（印度象）。亞洲象比非洲象小些，且依分布地域之不同，體型有所差異，至今所知最大型的亞洲象是一八八二年在斯里蘭卡北部捉獲的雄象。該象肩高三．五八公尺，鼻端至尾端長七．九二公尺，最大體圍為六．八七公尺，體重約八公噸。亞洲象雄象的平均肩高為二．七四公尺，體重為四．五公噸；雌象平均肩高二．二八公尺，體重二．五公噸。試想一個身高一．六公尺的人若只站在定點，舉起手或兩手向左右伸出去摸大象，摸到的範圍可能不及大象身體的一半。所以群盲摸象，只見其一，不見其二其三，也是情有可原的！

【狗嘴吐不出象牙】

比喻人只會說壞話，說不出好聽的話來。

站在動物學的立場，狗嘴裡本來就不會長象牙，象牙的構造和狗牙完全不同。「狗嘴吐不出象牙」這則成語看來天經地義，聽來卻是極端刺耳。

象牙是大象的上門牙變形而成的，它是世界上，也是地球歷史上最大的牙齒。雖然已滅絕的恐龍中，有比大象更大型的動物，現存的動物中，藍鯨也比大象大很多，但牠們的牙齒卻遠不如象牙那麼長那麼大。至今所知的最大象牙是剛果一隻非洲象的牙，右牙長三．五公尺，左牙約三．三五公尺，總重量為一百三十三公斤。大象和我們一樣，出生不久先長出乳齒，乳齒掉落後，再長出永久齒，由於牠的永久齒幾乎一輩子都在長，因而形成我們所謂的「象牙」。屬於爬蟲類的恐龍，牠們的「永久齒」比較像我們的乳齒，過了一段時期就掉落，長出新的牙齒。

在「象齒焚身」單元（見167頁）中提過，象牙的用途有挖土、剝樹皮、作為爭奪雌性的武器，不是用在吃東西。大象用於吃東西的是頰齒，位在口腔的最深部，相當於我們的臼齒。頰齒在牙床內從後邊斜著往前生長，而且一顆接著一顆，輪流地向前伸展，不像一般動物的頰齒是排列在牙床內，由下往上或由上往下生長。大象由於食量大，頰齒磨得很快，當頰齒變小時，顎骨內會長出一顆較大的新牙，把舊牙推到前面，舊牙則慢慢地崩解，不久完全消失，而由新牙取代。大象一生中有六次新牙推舊牙的情形，也就是說左右上下顎共有二十四顆頰齒，可供輪替使用。

大象的頰齒在嬰兒時期只有約九公克的重量，不過配合大象的發育，愈後面長出的頰齒，愈趨大型，最後一顆頰齒可重達約五公斤，但與牠的身體比起來，頰齒還是顯得相當小型。大象到了三十歲左右，開始使用最後一顆頰齒。當這支頰齒開始磨損時，牠只能取食較柔嫩的水棲植物葉片；隨著頰齒的磨損幅度愈大，愈往水深之處取食；當頰齒完全磨損時，大象即告死亡，此時牠已達五十～七十歲，這就是大象一般的壽命。因此，大象大多死於水畔，從此出現「大象既知自己壽命將盡，自動到水畔等候死亡」的傳說，並出現所謂的「大象墳場」。

頰齒不只長出的方式怪異，用法也相當特別。頰齒表面有數條橫走的隆起，大象利用頰齒將下顎從後方推向前方來咀嚼食物，我們只要自己試一下就知道，才嚼幾下，下顎關節就會很酸。因為包括人類在內的其他哺乳類，吃東西時，都是上、下顎往左右傾斜方向運作。

大象的祖先大約在六千萬年前出現於地球，那時牠們也和其他哺乳類動物一樣，只有乳齒和永久齒，但自一千八百萬年前，逐漸變成上述有六顆頰齒的齒列，改變了咀嚼食物時下顎運動的方式。但大象為何演化出如此獨特的齒列，目前仍未有明確的答案，但能確定的是，頰齒前仆後繼、按期輪替的生長方式，延長了牙齒的使用年限，大象的長壽和這脫不了關係。

【土牛木馬】

泥塑的牛，木做的馬，形狀像牛、像馬，但不是真牛、真馬。比喻徒有其名而不實用。

【相似詞】泥豬瓦狗、土雞瓦犬。

這句成語出自《關尹子．八籌》：「知物之偽者，不必去物，譬如見土牛木馬，雖情存牛馬之名，而心忘牛馬之實。」講到事物空有形態，而名實不符。

這裡的木馬，讓我聯想到公元前八世紀的荷馬史詩《伊里亞德》（*Ilid*）中的「木馬屠城記」。

公元前一一九三年，特洛伊王國的王子擄走了希臘城邦斯巴達的王妃，兩國展開歷時十年的鏖戰，最後希臘人假裝退兵求降，留下一匹巨型木馬。特洛伊士兵們沉醉在勝利的喜悅中，歡飲作樂，渾然不知藏匿在木馬中的希臘勇士已悄悄溜出，打開城門，迎進援軍，特洛伊城就在一夜之間被攻破。希臘軍隊為何選用木馬，而非木製的其他動物？還有，特洛伊人為何看了那隻馬那麼興奮？這可從人類對馬的利用史窺見端倪。

馬早在四千多年以前，就被人類馴養，在特洛伊戰事發生的公元前一千三百年～一千二百年時期，希臘人可能已將馬用於軍事，但牠們的利用方式並非騎馬打仗，而是讓馬拉著兩個輪子的戰車（chariot）。這種雙輪戰車大多用於競賽，而非實際的作戰，而且似乎不是希臘人的發明。公元前一七八〇～一七一〇年間，居住於敘利亞的西台人（Hittites）曾用這種戰車打敗埃及軍隊。後來埃及生聚教訓，重振旗鼓，打敗西台人，擄獲多隻軍馬，從此開始對馬的利用。公元前九世紀，亞述已有騎兵，至於希臘騎兵的出現，乃是公元前六世紀以後的事。

古希臘人十分欣賞馬優美的身材和運動姿勢，常以牠作為音樂、韻律的象徵，並認為馬有智慧、有感情。在希臘神話裡，世界上的第一隻馬是海神波塞冬（Poseidon）與農業、豐收女神德墨特爾（Demeter）所生，因此牠也被用來象徵永遠不會消失的海浪。希臘神話中的馬都和波浪或波動有關，其原因就在此。希臘神話中的馬，常拉著海神的兩輪戰車乘風破浪，有時又像飛馬佩珈薩斯騰空而行，是神格化的馬，屬於天空、地上、海洋三個空間，並把死靈帶到天堂。在拜祀雅典娜女神的儀式中，將巨馬獻給女神，不管那隻馬是真馬或木製的假馬，都是極為豪華的禮物。因此，特洛伊城的人看到遺棄在海邊的木馬，即使懷有一點疑惑，但仍舊喜形於色地把它拉進城裡，視為戰利品，終致引來敗亡。

特洛伊的木馬，不是一無用處的假馬，它可是暗藏機關、有大用的人造馬，在今日更被引申為「外表無害，包藏禍心」、「一經潛入，後患無窮」之意，讓電腦族聞之色變的「木馬病毒」就是一例。

【秋高馬肥】

秋空清朗高曠的時節，馬匹肥壯。

這則成語原出自《明史》卷二〇四的〈曾銑傳〉，講到秋高氣爽的時節，軍馬肥壯，是適合作戰的好時機。

草是馬的主要食物，馬的口腔裡有適於咀嚼硬葉、極為發達的大型臼齒，雌馬上、下顎各有六支內牙、前臼齒及後臼齒，共有三十六支牙；雄馬則上、下顎再各加兩支犬牙，共有四十支牙齒。正是因為這樣的齒列，馬的臉看起來長長的。雖然這種生理構造是牠補充營養、維繫生長的必備利器，但卻受到我們人類審美觀的挑戰及調侃，我們竟以「馬不知臉長」來比喻人不知道自己的缺點。

到底馬如何將草轉成營養吸收，而長出健碩的肌肉呢？先來談談馬的消化器官。馬是不反芻的單胃動物，接著胃的有小腸、盲腸、大腸等消化器官。為了增加對草等粗纖維食物的吸收效率，草食性動物的腸管，如牛、羊、馬等，都比肉食性、雜食性動物的腸管長約二～五倍。馬有三十公尺以上的腸管，牛則有馬兩倍長的腸管；馬還有很發達的盲腸，容積約三十公升，是牛的兩倍大。

馬與牛雖然都是草食性動物，但由於消化器官的構造、機制不同，取食的草的種類及方式也不相同。牛有四個胃（其實是一個胃分四區），吃草時只要稍微嚼一下，草就變成粗糙的丸狀進到第一胃（瘤胃），經過第二胃（蜂巢胃）的濕潤、軟化，形成適合咀嚼的球狀，再一點一點地返回嘴裡慢慢咀嚼，重新嚥下，然後吞到第三胃（重瓣胃），再轉到第四胃（皺胃），食物的消化主要就在第四個胃裡進行。馬只有一個胃，沒有反芻的功能，而且馬利用上、下口唇的門牙，嚼咬少量長在靠近地面的矮草，不像牛是伸出舌頭去捲取草葉來吃。當草長高時，馬用門牙夾住柔嫩的穗端部分，如此慢慢移動，一口一口地取食少量的草，因此不會停在一個地方吃光周圍的草。當馬整天放牧時，牠會一直往前進，邊走邊覓食，一天可以移動二、三十公里的距離，取食約四十公斤的草。「好馬不吃回頭草」的俗諺，就是從馬的這種習性來的。好馬不吃回頭草只是食性所趨，但卻被人們大作文章，用來勉勵人要有志氣，不要留戀過去的事或物，也算用心良苦了。

此外，馬雖然取食柔嫩蒼綠的草，但也喜歡略帶黃色、看來不太好吃的草莖，因此在放牧地，往往可看到馬從木欄伸出頭，取食路旁略帶黃色的雜草。所以，到了秋天，當一些草開始變黃，刺激馬的食欲，「秋高馬肥」的場景就自然浮顯了。

【害群之馬】

比喻危害大眾的人。

危及全體的敗類，實在要不得，但這種人也只有在人類社會才有，在自然界是幾乎不可能存活的。因為，在自然淘汰的篩選下，這種物種或個體無法延續自己的後代。

這則成語讓我聯想到分布於北美的週期蟬（periodical cicada），這是經過十三年或十七年超長若蟲期後羽化的一種蟬。牠們除了若蟲期特別長外，另一大特徵是羽化期甚為一致，也就是說一群若蟲同時羽化。二〇〇四年夏天美國的報紙曾有「在辛辛那提出現五十億隻蟬」的報導，這份報導並未誇大事實。週期蟬的發生集中在一個不到一平方公里的小區域，一萬平方公尺處就有四十萬隻週期蟬，更具體地說，一間六個榻榻米大的房間裡有四百隻蟬。可以想見牠們是如何的密集。

正因為牠們的羽化期很一致，數十億隻蟬幾乎同一天羽化，一起度過約一個星期的成蟲期，在這期間鳴叫、尋偶、交尾、產卵，然後死亡。如此形式的「蟬海戰術」，讓週期蟬聲勢壯大，無畏於天敵，因為這天文數字的蟬鳴聲，驚天動地，嚇得多數天敵不願靠近。當然仍有些鳥類膽敢前來啄食，但取食率再高，被取食的週期蟬也不到整個蟬群的一萬分之一。有意思的是，群體中的週期蟬似乎喜歡「獨善其身」，無視於隔壁的蟬被取食，照樣鳴叫、尋偶、交尾。

週期蟬為何有如此特異的習性？根據昆蟲進化專家的推論，週期蟬本來與其他蟬一樣，有四、五年或更短的若蟲期，但零零星星羽化的蟬，被天敵取食的機率較高，加上分散在各地發生、鳴叫，能夠尋偶、交尾並留下後代的機會不多，於是後來逐漸出現一些生長速度較一致的蟬群。為了更容易尋偶、交尾，牠們都集中在一個小小的場所羽化。

但大量的若蟲如果同時在一棵樹的根部吸食樹液，必定會使樹枯死，因此蟬群採取細水長流的方式，每隻若蟲都減少吸汁量，也藉此調整彼此的生長期。但團體中總有一些不跟大家合作的「害群之馬」，牠們吃得比其他若蟲多，發育得較快，在大家還未完成發育前就搶先一步羽化、鳴叫或尋偶。由於沒有回應牠的對象，加上「落單」，容易成為害敵的攻擊目標，這種搶先出現的蟬最後反而落得滅絕的下場。在自然界中，這是不合群的「害群之馬」的必然宿命。

週期蟬似乎也有自知之明，知道離群就是滅亡，雖然成蟲偶爾會飛離發生地域，但不久就又飛回來，而且有從一處擠到中央的趨勢。除了週期蟬，斑馬、牛羚等草食性動物也常成群生活，偶然出現的離群者，往往便成為肉食性動物掠食的獵物，無法在自然界生存下來。

【馬不停蹄】

到處奔行而不止息。形容忙碌不休。

在中國成語中，以馬構成的成語特別多，例如「一馬當先」、「馬到成功」、「馬首是瞻」、「單槍匹馬」、「千軍萬馬」、「天馬行空」、「汗馬功勞」、「走馬看花」、「快馬加鞭」、「龍馬精神」、「厲兵秣馬」、「一言既出，駟馬難追」等，這跟馬給人的印象以及馬和人類的互動有關。馬總是給人四肢強健、刻苦耐勞、快速靈活、忠實有靈性、體力充沛、氣勢雄壯的感覺。

在工業革命以前，馬不只是人類重要的交通工具之一，在軍事上也扮演重要的角色，對人類的歷史發展有不可磨滅的影響。綜觀古今中外，人和馬之間的故事或傳說，洋洋灑灑，說馬是狗之外，和人類關係最密切的動物一點也不為過。

從動物學的角度來看，馬的特徵之一就是跑得快。馬的腳只有中趾，其他四趾已退化，也就是說牠以中趾趾端（即馬蹄）來跑，就像我們快跑時腳踝不著地，只用腳尖踏地。這種特化的腳只適於疾跑，可以前後彎曲，但不能左右搖轉，也沒捉握或抱住東西的功能；但由於馬沒有其他有力的自衛武器，也只能以疾跑來逃避害敵的攻擊。

其實馬的疾跑特性，是經過數千萬年進化而來的，並非牠最初出現在地球時就擁有。在五、六千萬年前的始新世前期，歐洲、北美大陸的森林裡已有原始馬（*Hyracotherium*）活動。不過牠的肩高只有三十～五十公分，相當於中等體型的狗，取食森林裡的樹葉維生，偶爾也出現在草原上吃草，但由於容易受到其他肉食性動物的攻擊，牠仍以森林為主要的活動場所。後來一些肉食性動物絕跡，這種超矮小的馬便逐漸進入草原活動，此時牠們的前腳仍有四支趾，後腳有三支趾，還有像狗一樣由肉球形成的腳墊。

過了約二千萬年進入鮮新世前期，即距離現在二千五百萬年至八百萬年前，北美、歐亞大陸相繼出現肩高九十公分的古代馬（安琪馬），牠們的腳也具三支趾，仍棲息在森林取食樹葉，不過已具備更適合取食嫩葉的臼齒。北美大陸進入中新世中期以後，地球變得乾燥，出現了禾本科植物的大草原。禾本科植物的葉片很硬，令大部分的草食性動物難以下嚥，只有所謂「三趾馬」的古代馬，因為臼齒發達，而獨享豐富的食物資源，但為了在廣大的草原中疾跑，牠們開始改變腳的構造。

到了一千二百萬年至五百萬年前的中新世後期至鮮新世中期，北美大陸出現了所謂的「單趾馬」。單趾馬可以說是現代馬的祖先，肩高一百二十公分，棲身在草原裡，腳已剩下中趾，趾膨大且外覆厚蹄，四肢更為強壯，行動也更迅速，因此更適合疾跑。單趾馬最先都生活在北美大陸，而後部分馬群利用當時還連結陸地的白令海峽分散到亞洲。順便一提，這種馬是斑馬和驢的祖先，但牠們受到古代馬的新起品種的壓迫，才被趕到非洲及亞洲的部分地域。

馬總共經過約五千萬年的進化過程，才變成現在這副模樣。這漫長的過程中，前肢的趾由適合抓地慢走的四趾，變為適合跳躍奔跑的單趾，體型由小漸漸變大。

人類與馬接觸並加以利用，不過是公元前二千年左右的事。談到人類對馬的速度的利用，最有名的可能是美國西部的快馬郵遞（pony express），不過以馬傳信的制度在公元前的古波斯帝國時代就存在了，當時有一百多處的驛站，自蘇薩（Susa）至薩迪斯（Sardis）之間二千五百公里的路程，傳達訊息需要二十三天，怪不得後來西歐人處心積慮要取得阿拉伯及中東其他地區的駿馬。

「馬不停蹄」固然能加速任務的完成，但馬蹄若受傷或是磨損太快，反而得不償失。這也就是為什麼通常會在馬蹄下面，釘上一塊馬蹄鐵，充當馬的鞋子，而且每隔一到一個半月，要將蹄鐵拆下來，修剪馬趾後，再重新釘上。

【馬齒徒長】

比喻年齡白白增加，卻毫無成就，多用自謙之詞。又作「馬齒徒增」。

這則成語出自《穀梁傳．僖公二年》：「荀息牽馬操璧而前曰：『璧則猶是也，而馬齒加長矣。』」

馬的牙齒隨年齡增長，看馬的牙齒就可以推算出牠的年齡。馬的牙齒數目，依雌雄而異。雌馬上、下顎各有六支前齒（切齒、門牙）、六支前臼齒、六支後臼齒，共有三十六支牙齒。雄馬上、下顎還各有兩支犬牙，總共有四十支牙齒。

不過剛出生的幼馬只有前臼齒，至出生第二星期才長出第一前齒，至第四星期才長出第二前齒，到了出生後第六至第九個月間，前齒全長齊。但這些前齒全是乳齒，以後逐漸脫落而換成永久齒（恆齒）：即在二、三歲時，長出第一前齒、第一及第二前臼齒；在三、四歲時，長出第二前齒、第三前齒及第三前臼齒。此外，滿一歲以後，從前方開始往後方長出永久齒的後臼齒。雄馬則在四歲時開始長出犬牙，至五歲，馬的牙齒才長齊。此後馬的牙齒隨著年齡的增加而加長，一直到約十歲的中年，才停止生長，但自七、八歲起，牙齒的磨損程度逐漸超過生長的速度。馬的齒列最特別的是，在上、下顎前牙（雄馬是犬牙）與前臼齒之間有個齒槽間隙，大約有我們一個拳頭般大。公元前二千年的西台人發現馬的齒槽間隙後，在這裡安上了馬勒。馬勒掛在馬的舌頭上，並不會影響馬取食或喝水，而且馬勒邊緣碰到馬最敏感的口角部位，因此以韁繩操作馬勒時，可以控制馬的行為，就這樣，在人的駕馭下，馬成為人類重用的役畜和軍馬。公元前一九〇〇～一二〇〇年的西台人，挾著強大的軍馬集團，在敘利亞地區建立了強盛的帝國。

與人的牙齒一樣，馬的牙齒表面也被覆著很硬的琺瑯質，不過牠取食的是纖維質為主的植物，在吞下去之前，會先用切齒將它磨碎。因此，馬齒的咀嚼面會隨著年齡的增加而逐漸磨扁。從乳齒、永久齒的數目及牙齒咀嚼面的磨損程度，可以推測該匹馬大致的年齡。

馬齒的發育需要五年的時間，這過程與身體的發育相比，算是相當緩慢。不過馬齒並不徒增，馬隨著身體的發育，學會不少的生存技巧。剛生出的小馬，體重約五十公斤、胸高約九十公分，過約二、三個小時，就能自己站起來，此後發育相當快速，大約一年後身體大小就達到母馬的八成左右。雄馬到了兩歲就開始模擬交尾的行為，五歲則正值年輕力壯的時期，相當於人的二十歲，參加賽馬的馬，多半在這個年齡投入賽馬生涯。

馬的壽命不算長，平均壽命大約二十歲，這當然和牠牙齒的磨損有關。在人造飼料還不普及的時候，飼主大都以牧草、乾草等質地較硬的飼料餵馬，這種飼料鐵定讓那些牙面已磨扁的老馬吃不消，影響牠們的取食量和消化率，而導致牠們無法長壽。

看來「馬齒徒長」的成語，主要來自古人對自己年齡增加的感傷，以馬齒為例，寄情於馬齒，不過是因為馬和人關係密切，馬齒的生長變化很容易觀察到罷了。

【駑馬戀棧】

駑鈍的馬卻貪圖馬房中的豆料。比喻庸才貪戀權位，只顧惜眼前小利。又作「駑馬戀棧豆」。

駑馬，指的是劣馬或駑鈍的馬。這則成語常被人們用來批評無能力的人戀位不去，空佔職位而毫無貢獻。的確如此，放眼當今社會，「駑馬戀棧」的功利主義者、不適其位者大有人在，雖然這種不受歡迎之人，最終下場仍將被強制下台，但離去的身影並不好看，而且戀棧期間早已因私礙公，阻礙整體的進步。而戀棧的「駑馬」中，有不少是已不能再伏櫪的「老驥」；從驥（良馬）到駑（劣馬），這是生理發展上的現實，不能不接受。

在此就來談談野生動物的老年期。大多數的野生動物很難活到老年，因為視力、肌肉隨著年齡的增加而衰弱，容易遇到各種危險，其中包括害敵的攻擊。以黑猩猩為例，在自然條件下，牠從十二歲開始生育到三十多歲，失去繁殖能力後還能活個三到九年，然而其間體力逐漸衰退，體毛開始脫落，並且失去原來的顏色，牙齒也漸漸磨滅或脫落，慢慢脫離原本的團體生活。在黑猩猩的社會裡，進入三十歲的成員大約只佔群體的百分之十而已。

眾所周知，失智症、癌症、心血管疾病、關節炎等是人類主要的老人病，但至今我們對於野生動物的老人病知道得並不詳細。已知老齡動物會得關節炎，這種病例已在野生的大猩猩、野馬及野狼身上獲得證實。令人詫異的是，雖然科學家在類人猿的染色體中發現了會得阿茲海默症的遺傳基因，但在動物園裡並未發現患有此病的猩猩。

談到野生動物的老年，大象的晚年生活值得一提。大象一生可以換五次牙，第六次掉牙之後就不再長牙，因此掉了牙的老象只得改變取食習慣，取食較柔軟易消化的植物。由於這些植物大都生長在濕地或臨水地區，為了就近取食，老象便在這種地方生活。年紀更大的老象，取食更軟的水生植物，要喝更多的水，就像老人家攝取便於消化的液狀食物一樣。由於行動不再靈活，無法與年輕的大象一起移動，加上攝取的食物不同，年邁的大象往往自動離開象群，在水邊生活至壽終。有意思的是，偏好水棲植物的老象一隻隻脫離象群，在有水的地方定居下來，逐漸形成老象的群聚，並相繼在此死去，多隻大象的遺骸聚集在此，形成了我們所謂的「大象墳場」（見173頁）。

不過，年邁、牙齒磨得差不多的雌性獅子，還能留在獅群中，分享年輕獅子所獵獲的獵物。年邁的雌獅因為有豐富的狩獵經驗，牠在獅群裡仍保有一定的地位，負責安排年輕雌獅的狩獵位置，以提高狩獵效果。看來，老年期的生活形態雖依動物的生活方式而異，但關鍵仍在年長者對年輕一群的貢獻程度如何而決定。

【東風吹馬耳】

東風吹過馬的耳邊，瞬間消逝。比喻充耳不聞、無動於衷。又作「東風射馬耳」、「東風馬耳」、「馬耳東風」。

【相似詞】對牛彈琴。

這則成語出自唐代詩人李白的〈答王十二寒夜獨酌有懷〉：「吟詩作賦北窗裡，萬言不直一杯水。世人聞此皆掉頭，有如東風射馬耳。」是形容心中漠然時所用的成語，與它類似的有「對牛彈琴」。到底馬耳、牛耳有何用？牛、馬對樂聲、風聲會有反應嗎？

其實彈了琴，牛一定聽得到；馬不只聽得到風聲，還聽得到夾雜在裡面的一些聲音。牠們的耳朵依聽到的聲音或聲音傳來的方向而動，尤其是馬，大多在草原裡生活，除了有擅長疾跑的四隻腳，沒有其他有效的自衛武器，耳朵變得很重要。相較之下，牛好多了，頭上有禦敵用的牛角，不必像馬那樣聽到聲音，拔腿就奔逃。

對於身高超過草原的馬來說，遇到害敵，無法藏身於草叢中，只能利用發達的視覺與聽覺盡早發現敵人。採取與馬類似策略，但更徹底的是長頸鹿。身高四．五～五．五公尺的長頸鹿，有長約二～二．五公尺有如瞭望台般的脖子，頭上的眼睛、耳朵就是偵察敵人的主要警報系統，一發現情況有異，立刻採取行動。

馬的耳朵不僅是一種聽覺器官，也是反應情緒的指標。懂馬的人知道從馬身體的各種姿勢、臉部肌肉的動作、尾巴和四肢的活動，和嘶鳴的聲音，來觀察馬的心情和體能狀況。尤其從耳朵的「表情」，可以掌握馬的心理狀態。如果馬的耳朵垂直豎立，耳根有力，微微搖晃，那表示牠心情很好；當牠的耳朵不停前後搖動，表示心情欠佳。另外，馬在興奮或生氣時，耳朵會倒向後方；緊張時，馬會高高揚起頭，耳朵向兩旁豎立；感到恐懼時，馬會不停地擺動耳朵，並從鼻子裡發出響聲；疲倦想休息時，馬的耳根略顯無力，耳朵會倒向前方或垂向兩側。馬的耳朵和眼睛協調得很好，眼睛一發現異樣，耳朵會跟著朝那個方向「打聽」，一聽到異聲，眼睛也會馬上進行「搜尋」。

所以，用「東風吹馬耳」來比喻「充耳不聞，無動於衷」，其實是不夠了解馬。動物界裡，真正「充耳不聞」的，當屬一些未具真正聽覺器的無脊椎動物。例如蛇類缺乏外耳，只有內耳，即相當於我們的耳朵沒有鼓膜，不能直接聽到空氣中傳播的聲音。因此把「馬耳東風」改為「蛇耳東風」可能更符合現狀，英語裡就有as deaf as an adder（聾如毒蛇）的說法。

蛇沒有我們所謂的聽覺器，但牠仍能聽到聲音，是因為牠的聲音感受器就是皮膚。皮膚接收到空氣中的音波後，傳到肌肉、骨骼。更詳細地說，音波到達頭骨側面的顴骨後，經過顎部的肌肉傳到方骨，而方骨旁有耳骨（鐙骨），此後聲音的傳達路線與其他爬蟲類相同，經過內耳到達聽覺細胞。從皮膚經肌肉到達骨頭的傳遞系統，對200～500Hz的聲音尤其敏感。

雖然蛇的聽覺系統一部分連接於顎部，但感音功能並不會受到取食行為的影響。過去認為蛇一定要把下顎貼在地面，才能感受到聲音，其實不管頭部是否接觸到地面，牠都可以接收到聲音。蛇貼在地面時，自然對地面傳來的音波較為敏感，因此我們在草地上行走時，用棍棒敲打地面或故意加重腳步，都可以達到嚇走蛇的目的，也就是所謂的「打草驚蛇」。

在印度街頭常可看到一些舞蛇人盤腿而坐，邊舞動著身體，邊用美妙的笛聲，引出竹籠裡的眼鏡蛇，眼鏡蛇配合著音樂的節奏婆娑起舞。其實蛇不是隨音樂起舞，牠根本聽不見空氣中傳來的笛聲，而是看著舞蛇人上下左右舞動肢體和笛子，所作出的反應。

那動物界的順風耳呢？應是貓頭鷹（鴟鴞）。牠們不但具有極佳的視覺，能在黑暗裡瞄準獵物，聽覺更是一流，不會遺漏獵物走動時發出的小小聲音。不僅如此，還能準確地判斷聲音的來源，並配合視覺，來提高獵捕的效率。

以倉鴞（*Tyto alba*）為例，牠的左、右耳位置不同，右耳略高於左耳，因此聲音到達左、右耳的時間有些微的差異。若是牠的左、右耳同高，和我們人一樣，就只能判斷音源的遠近，而無法判斷音源的高低。此外，倉鴞的臉盤上還布滿能接收外界細微震動的羽毛，左半部的毛略為向下方長，右半部的毛略為向上方長，阻隔開臉盤左、右兩邊傳來的聲音，如此左、右耳各自對來自下前方、上前方的聲音較為敏感。倉鴞便依照兩耳聽到聲音的時間差異及音量大小，來判斷聲音的位置。倉鴞的這種特殊構造，讓牠在音源高低的定位上，足足比人類強三倍。所以「東風吹鴞耳」，絕對聲聲入耳。

【死馬當做活馬醫】

比喻在絕望的情況下，仍盡力挽救。

這則俗諺常被我們用在事情已成定局，但仍試圖一搏的場合。知其不可為而為之的傻勁，固然難得，卻免不了被人家批評不夠務實或蠻幹。因為死馬當然不可能醫活！

為什麼要用馬，而非其他動物來作比喻呢？這或許和馬在人類交通運輸史上扮演重要角色有關吧。無獨有偶的，在英文裡死馬（dead horse）也成了諺語的主角：beat/flog a dead horse（徒勞無功）。打一匹死馬，不管打得多用力多兇猛，牠都沒有反應，不過是在白費力氣罷了。

隨著醫學的發達，人們對死亡的定義愈來愈複雜而微妙，因為它涉及的不只是醫學，還牽涉到哲學、倫理、宗教等層面，爭議不小，非三言兩語可以表述。相較之下，對家畜死亡的判斷，可就簡單多了，通常以心跳停止來判定。不過，肉用馬心跳自然停止的機會較少。因為，為了利用馬肉、馬皮等，在馬自然死亡前，就以屠宰的方式讓牠提前死亡了；實際的情況較近於「活馬當死馬」。

當然，馬活著有用途，死了也能作為食物供人食用。馬肉肉質與牛肉差不了太多，富含鐵質，所含膽固醇較低，過去偶有不肖商人將馬肉混在牛肉中販賣。台灣雖然沒有吃馬肉的習慣，但鄰近的日本卻有馬肉料理，日本人像吃生魚片那樣吃生馬肉片，也有涮馬肉的吃法。吃馬肉最盛行的可能是法國，有不少馬肉食譜書，也有馬肉專賣店。在蒙古，馬肉更是招待客人最上等的佳餚，因為馬自古以來就是蒙古地區最重要的交通工具，殺馬招待客人，表示主人最大的誠意。十三世紀蒙古大軍西征時，有些馬匹因為受傷、不堪負重，而遭到宰殺，據傳把馬肉放在馬鞍下，趁著騎馬時把馬肉弄軟以便食用。其實現在當做食用的馬，除了部分是真正的食用馬外，大多是受傷的馬或已不能騎乘的老馬。

談到馬的受傷，主要都是骨折。骨折較常發生在賽馬時的最後衝刺，即前腳踏地力量過大所引起的骨折。所以有句成語「馬失前蹄」，用來形容失算、栽跟斗，因失誤而誤事，是滿傳神的。在獸醫學上，骨折並非不能治療的外傷，但要找到讓馬安靜療傷的方法，卻得煞費苦心。對體軀龐大的馬而言，四腳站立是最為穩定舒妥的姿勢，橫臥會讓內臟受到很大的壓迫，令馬感到難受；若將牠從腹部吊起以減輕腳部的負擔，則會讓腰部受到壓迫，而這是馬最不喜歡的姿勢。因此，大多數的受傷馬都遭到「安樂死」，難產的馬也大多走上類似的途徑。由於難產不算疾病，馬肉尚符合食品衛生法的規定，仍具利用價值，因此當難產馬的療養費用超過肉值時，為了減少損失，飼主常在獸醫的建議下將馬送上屠宰之路。

在保育團體的施壓下，二〇〇六年九月八日美國眾議院以二百六十三對一百六十四票表決通過法案，禁止為了吃馬肉而殺馬。事實上，馬肉在美國並不受歡迎，主要是出口到日本。日本二〇〇五年共進口了八千噸馬肉，其中七百三十五噸來自美國，加拿大、巴西則是另兩大主要供應國。雖然這項法案尚需經過參議院通過，再由總統簽署才算有效，但已足以讓長年為馬權奔走、捨不得「活馬當死馬」的保育人士感到欣慰了。不過對已有取食馬肉傳統的地區或國家，吃不吃馬肉是個人的選擇及自由，以保護動物的理由禁止吃馬肉，恐怕也難令他們服氣！

【非驢非馬】

既不像驢，也不像馬。比喻事物不倫不類。

【相似詞】非鴉非鳳、不倫不類、不三不四。

這則成語出自《漢書．卷九十六．西域傳下．渠犁傳》：「驢非驢，馬非馬，若龜茲王，所謂騾也。」漢宣帝時，西域有個小國叫龜茲，國王多次來漢朝朝貢，對漢服、漢禮非常仰慕，曾留住一年。回國之後，他也仿照長安的皇宮修築宮殿，並竭力摹仿漢朝的禮儀制度，但龜茲被西域其他國家譏諷為「像驢又不是驢，像馬又不是馬，倒像驢馬雜交生出來的騾子」。

說騾不倫不類，多少有失厚道，雖然牠的確是驢與馬的雜交種，但嚴格說來，騾還可以細分為雄驢和雌馬所生的馬騾（mule），和雄馬和雌驢所生的驢騾（hinny，又叫駃騠）。馬騾兼具馬與驢的優點，即體型比驢大，力氣也較大，像驢一樣可以忍受粗食，能負重，耐操勞，並且具有馬的靈活性和疾跑能力。反之，雌驢與雄馬生的驢騾，承襲了驢、馬的缺點，身體較馬騾小，耳朵較大，尾部的毛較少，利用價值較低。由於雄驢和雌馬的基因較容易結合，馬騾較為常見，我們一般說的「騾」、「騾子」就是講馬騾。要生出驢騾並不容易，有的雄馬花了六年時間才讓雌驢成功懷孕。驢騾的法文bardot，另有「可欺侮的東西」之意，一九六〇年代著名的法國性感女星碧姬·芭杜（Brigitte Bardot）的姓就是這個字，芭杜的名字Brigitte是塞爾特人神話裡的「太陽及火之女神」、「家畜之神」，不知是否受到名字的影響，息影後，芭杜積極投入保護動物權利的運動，成為國際間重量級的保育動物人士。

騾是很好的役畜，早在二千多年前，人們就知道利用牠來減輕自己的工作負擔。在希臘、羅馬時代，牠是重要的馱獸之一。根據公元前六五〇年留下來的泥板文獻，亞述攻擊埃蘭（Elam，即後來的波斯）的城市蘇薩時，獲得了大量的戰利品，其中就包括一些馬和騾。公元前五四〇年，波斯國王居魯士二世（Cyrus II the Great）攻打巴比倫時，曾經利用騾來運送飲用水。中國在西元前四、五世紀的春秋戰國時期已有騾，不過似乎只供貴族玩賞之用，明代以後才大量繁殖，作為役畜。

其實，雜交種往往表現出親代沒有的優良特性，過去台灣的肉鴨以所謂的「土番鴨」為主，牠們是產卵用的菜鴨母鴨，與紅面鴨（番鴨）的公鴨所生的雜交種，雖然肉味略遜於紅面鴨，但由於體質強韌、不易生病且發育迅速，受到養鴨人家的青睞，被大量飼養供應於市。

二十世紀，讓不同種貓科動物交配的風氣，一度在一些動物園流行，因此竟出現獅子與花豹生的豹獅（leopon）、獅子與老虎生的獅虎（liger）等「混血兒」。不管是騾、土番鴨、豹獅或獅虎，這些雜交種都沒有生殖能力，因此一代就絕種，要再有騾或土番鴨，還得重新來一次，從親代的交尾開始才行。

那麼自然界中會不會產生這些雜交種呢？這種可能性相當小。因為上述這些雜交種都是在人為的環境下，以半強迫的方式讓牠們交尾；在自然界，除非有特殊的情況，牠們不會做如此「一代即止」的無意義繁殖，而且雜交種的存活力通常較差，即使生出來也經常沒機會長大，不容易被我們發現。

培育雜交種的嘗試不限於動物，植物界有更多的例子。例如番茄與馬鈴薯同屬於茄科植物，於是有些植物育種專家培育番茄與馬鈴薯的雜交種馬鈴茄（pomato），期望它在地上長番茄，地下長馬鈴薯，以收一舉兩得之效。在專家的苦心栽培下，馬鈴茄果然長出番茄與馬鈴薯，但都屬小型，且味道不如預期。

不過，培育雜交種有其學術上的意義及價值，可以深入研究不同種間的類緣關係。例如也有一些昆蟲專家嘗試讓多種蝴蝶雜交，再從牠們的後代來分析這些蝴蝶之間的類緣關係。

【博士買驢】

比喻言詞空洞浮誇，不能切中要旨。又作「三紙無驢」。

這則成語出自北齊顏之推的《顏氏家訓．勉學》：「鄴下諺云：『博士買驢，書券三張，未有驢字。』」這是講一個滿腹經綸的讀書人到市場上買驢，雙方講好價錢後，讀書人要賣驢的寫一份收據。賣驢的是文盲，不會寫字，便請讀書人代筆。於是讀書人不改本性，振筆直書，寫了洋洋灑灑三大頁，但連個驢字也沒寫到，落得被人譏笑做事不得要領。的確，說話言不及義、做事不得要領，將無可避免地陷入事倍功半的境況。

驢在古代的中東地區是很重要的運輸用役畜，也是供女人、小孩及老人騎乘的家畜，具有兩隻以上的驢的家庭，稱得上是小康之家。驢的優點是體力好、食量不多、耐渴、耐餓、耐勞且耐熱，能夠走馬不能走的險狹之路，而且養驢不必花很多錢，因為驢嗜吃粗食。

因此，驢常被視為謙遜、勤勞、服從、耐性的象徵，而且對雌驢的評價通常比雄驢高，耶穌的父母馬利亞與約瑟往埃及避難時騎的就是雌驢。《聖經．舊約．民數記》有一則關於驢的故事（見第二十二至第二十五章），這隻驢也是雌驢。話說以色列人離開埃及後暫時居留在約旦河對岸的荒涼草原，當地的摩押國王擔心他們久留於此，便派人去請先知巴蘭到以色列人那裡去咒詛他們，叫他們火速離開。巴蘭一再推拖，但最後還是不敢違逆國王的命令，騎著驢出發。在經過多石礫的窄路時，驢忽然停下來，彎著前腳伏在地上，不管巴蘭怎麼催促、鞭打，牠就是不肯走。原來一位揮劍的天使擋住驢的去路。挨了好幾鞭的驢終於開口說話：「你為什麼要打我？我不是你從小到現在都在騎的驢嗎？我以前有這樣對過你嗎？」聽到驢講話，巴蘭嚇得趕快下驢探個究竟，這才看到天使。後來他繼續騎著驢前往目的地，照著天使的交代，大大地祝福以色列人。這個故事充分反映出驢刻苦耐勞的特性，及在特殊情況下固執己見的「驢脾氣」。

當然，驢的高度服從性，也成為牠被人污名化的依據。不知從何時開始，不論東方或西方，驢也被人拿來跟笨拙、土氣、愚蠢、倔強劃上等號，不少童話故事裡的驢，扮演著忠厚但愚昧的角色。有意思的是，美國的民主黨竟以驢子為黨徽。

民主黨為何會以驢來代表自己？這跟德裔美籍的政治漫畫家湯姆斯．納斯特

（Thomas Nast）在一八七〇年《哈潑週刊》（*Harper's Weekly*）所發表的一幅漫畫有關。在這幅題為A Live Jackass Kicking Dead Lion的漫畫中，他以一隻驢，諷刺當時北部反對內戰的民主黨人「笨頭笨腦」。其實早在一八二八年美國總統大選時，民主黨的候選人傑克遜（Andrew Jackson）就被對手謔稱為Andrew Jackass（驢的英文是ass），結果「愚昧如驢、固執如驢」的傑克遜獲得人民的青睞，當選第七任總統，不過這個綽號也就跟著他一輩子了。納斯特的這幅漫畫再次喚起歷史的記憶，讓人們把民主黨和驢聯想在一起，民主黨就在半推半就中慢慢認同驢，當然他們認同且強調的是，驢的刻苦耐勞、踏實沉穩。一八八〇年起，民主黨開始在總統大選中以驢子為吉祥物。

共和黨則以大象為黨徽，和民主黨互別苗頭。把大象和共和黨連在一起的，也是納斯特。一八七四年，他在《哈潑週刊》發表一幅漫畫，比喻共和黨像一隻大象，輕易推翻了民主黨脆弱的政策。此後其他漫畫家紛紛仿效，大象逐漸成為共和黨的吉祥物，代表尊嚴、力量和智慧。四年一次的美國總統大選，就被戲稱為「驢象之爭」。

【驢蒙虎皮】

是驢子，卻披上虎皮。比喻倚仗他人的權勢來嚇唬人或欺壓人。

【相似詞】狗仗人勢、狐假虎威。

這則成語，應是出自於《伊索寓言》裡的「驢披獅皮」故事。故事中，披上獅皮的驢，把森林裡的動物們嚇得東躲西藏，但最終因為得意忘形，情不自禁地發出嘶鳴，而露出「驢腳」。所以英文裡也有以 an ass in a lion's skin 來比喻虛張聲勢或原形畢露的用法。

驢明明是吃苦耐勞、足堪重任的役畜，但卻總是給人低賤、不受重視的感覺，成語裡有形容文章惡劣的「驢鳴狗吠」、比喻拙劣的技能用完，露出虛弱本質的「黔驢技窮」、「黔驢之技」，甚至在《水滸傳》裡，「禿驢」被用來謾罵出家人。驢的英文donkey，帶有固執、愚蠢等意；在法國則有「洗驢頭是浪費肥皂」的俗諺，形容笨得無藥可救，真是欺驢太甚。

單從《聖經》來看，至少在舊約時代，人們對驢的評價不高。據傳耶穌誕生當時，在馬房裡的動物只有驢和牛。為何沒有其他的動物？關於這點有數種說法，其中之一是，這兩隻動物象徵著兩個民族，被犁綁住的牛代表執著信仰的猶太人，而驢代表崇拜偶像的外邦人（異教徒）。古代不少神學家相信這種說法，甚至在中世紀有多位作者著書闡述「牛是善良的代表，驢是罪惡的象徵」的觀點。在中世紀後期創作的一些耶穌誕生圖中，牛不僅凝視著剛出生的聖嬰，還呼著氣想為他取暖，而驢一副很關心聖嬰的模樣，其實是在看牠的糧草。

《聖經》上記載，驢是不潔淨的動物，禁止吃驢肉，也禁止以驢獻祭，並且不讓牛和驢綁在一處或一起耕地。驢骨還被當作武器使用，〈士師記〉第十五章第十四至十七節提到，大力士參孫用驢腮骨殺了一千個非利士人。當然，對驢還是有一定程度的保護，例如驢和牛一樣，在安息日可以休工；看到人家的牛或驢迷路，要牽回來交給他，即使對方是你的敵人；看到恨你的人的驢壓臥在重馱下，不可一走了之，要和驢主一同抬開重馱。

不過到了新約時代，受到歧視的驢，反而成為耶穌重用的「無名英雄」，根據〈馬太福音〉第二十一章的記載，耶穌騎著驢駒，在百姓的歡呼聲中進了耶路撒冷城。耶穌為何選這麼平凡的驢當坐騎？神學家和許多信徒都深信，驢是用來象徵耶穌的謙卑與順服、忍耐與平和，耶穌刻意「揀選了世上愚拙的……軟弱的……卑賤的……被人厭惡的……和那無有的」。法國、義大利和西班牙的基督世界還傳說，驢兩肩的黑紋和背上的黑鬃形成一個十字架的圖案，就是因為被耶穌騎過的緣故。

在希臘、羅馬神話中，驢常和醉酒、酒神戴奧尼斯（Dionysus）或巴克斯（Bacchus）連在一起，例如巴克斯的保護人和隨從西勒諾斯（Selenus），就以醉醺醺倚著驢背的形象出現。通曉點金術的米德斯（Midas）王子，在太陽神阿波羅和牧神潘（Pan）的音樂比賽中，充當裁判，由於他偏愛潘悠閒享樂的音樂，阿波羅一氣之下，把他的耳朵變成了驢耳，他極力想掩藏那對怪耳朵，但消息還是傳開。驢耳後來變成一種咒詛，也出現在著名童話《小木偶》（*Pinocchio*）的故事中。十九世紀在歐洲，學校對成績甚差的學生的處罰方式，就是戴驢帽，所謂的驢帽就是用紙折成一頂兩頭尖尖的帽子，戴上後，彷彿長了一對驢耳。

在西班牙文學名著《唐吉訶德》（*Don Quixote*）中，唐吉訶德騎的是名叫Rocinante的瘦雌馬，但他的僕人桑丘（Sancho Panza）騎的是一隻沒有名字的驢子。馬和驢的地位，高下立見。

從上面這些例子，我們不難窺知驢在人類歷史及文化中的形象。驢蒙虎皮也好，蒙獅皮也罷，其實這類比喻，都來自於人們對驢的弱勢定位！

【牛山濯濯】

本指山上光禿禿，沒有樹木。現在多用來戲稱禿頂無髮。

【相反詞】林蔭蔽天、長林豐草。

這則成語出自《孟子．告子上》：「牛山之木嘗美矣。以其郊於大國也，斧斤伐之，牛羊又從而牧之，是以若彼濯濯也。」山上林木不生，或因土質不適使然，或因人為砍伐，或因不當放牧，若是外在的人為因素造成的，問題可能較容易解決吧。古人用「牛山濯濯」來形容人的禿頭光景，既生動又幽默。

頭是動物身體最重要且最明顯的部位，因此大部分的鳥類和哺乳類動物都以厚厚的羽毛或體毛保護它，只有極少數是禿頭的，其中之一是分布於南美熱帶雨林的紅禿猴（*Cacajao rubicundus*，赤頂猴）。紅禿猴全身被著褐色長毛，但頭部卻沒有毛、紅瘦光禿，常在樹上緩慢地活動，有「南美紅毛猩猩」的別名。鳥類中，以取食屍肉而有名的禿鷹類，也是典型的禿頭。禿鷹之所以稱為禿鷹，就在於牠的禿頭，不過禿頭的程度依種類而異，而且常常可以從牠們的取食行為來解釋為何這樣禿或那樣禿。

例如分布於南美的兀鷹（*Vultur gryphus*）、白頭禿鷹（*Gypus fulvus*）等，從頭部到脖子的上半部，都沒長羽毛，而是長著短短的細毛、剛毛，稱不上光禿禿，但皮膚裸露。由於牠們常從屍體的裂口處把頭伸進去，取食裡面的肉，為了便於取食及取食後的清理工作，頭部變成禿頭。

以頭部擊破駝鳥蛋，取食裡面營養物而有名的埃及禿鷹（*Neophron percnopterus*），牠的禿只限於頭頂、臉部及前頭部，由於牠只須把頭部伸進已打破的蛋殼，這種程度的禿，並不會妨礙牠的取食行為。

禿鷹大多生活在熱帶及亞熱帶的空曠地區，在大白天佇立休息或盤旋尋找食物，頭部沒有密厚的羽毛保護，為何不會中暑？原因可能在於牠們多皺褶、呈紅色或黑色的頭部有空調式散熱效果。另一方面，直曬太陽有殺菌的作用，可以殺死取食時附在頭部的各種微生物。

當然，鳥類中還有其他的禿頭鳥。例如五色鳥、鷯哥、吸蜜鳥、鴇中，也有自臉部至頭頂不長毛，甚至整個頭部光禿禿的，牠們大多活動在森林裡，取食果實、小昆蟲維生。古埃及的壁畫中常出現的埃及聖鷺（*Threskiornis aethiopicus*）也是禿頭鳥之一，牠整個頭部及脖子上半段都沒有毛，露出皺皺的黑色皮膚。多半在泥濘的沼澤地活動，取食小型動物維生，並非屍食性。

我們常見的火雞也是禿頭鳥。這些鳥種為何變成禿頭，禿頭對牠們的生活有什麼好處，鳥類專家們尚未提出很肯定的解釋。

【牛頭馬面】

神話傳說中地獄的鬼卒。比喻社會上形形色色的壞人。

【相似詞】牛鬼蛇神。

這則成語出自明代馮夢龍的《喻世明言．卷三十二．遊酆都胡毋迪吟詩》：「階下侍立百餘人，有牛頭馬面，長喙朱髮，猙獰可畏。」根據北宋僧人道原所撰的《景德傳燈錄》：「釋迦是牛頭獄卒，祖師是馬面阿婆（阿傍）」，牛頭馬面指的是陰間負責維護地獄秩序的衙役。傳說牛頭阿傍生前不孝順父母，死後變成牛頭人身，負責巡邏和搜捕逃跑的亡靈；馬面又叫馬頭羅剎，羅剎即惡鬼。牠們雖出自佛教，但後來被道教所吸收，在佛寺中不多見，反而常見於城隍廟、閻王廟等。

無獨有偶地，希臘神話中也有這種牛頭人身的怪物，叫彌諾陶洛斯（Minotaurus）。話說克里特島上的邁諾斯王（Minos），請著名的工匠戴達魯斯（Daedalus），為他蓋了一座迷宮，讓半牛半人的彌諾陶洛斯居住。原來彌諾陶洛斯是米諾王妃和雄牛所生的小孩，邁諾斯王生怕醜聞曝光，把他養在迷宮裡。後來邁諾斯王的軍隊打敗雅典大軍，雅典國王只得同意每年（一說每七年）送七對童男童女給彌諾陶洛斯吃。由於迷宮設計得很好，進了迷宮的童男童女，都找不到出口，只有活生生被彌諾陶洛斯吃掉的份。

在第三次進貢時，雅典王子特修斯（Theseus）自願成為進貢的童男。邁諾斯王的女兒亞莉阿德妮（Ariadne）公主對特修斯一見鍾情，決定解救他，送了一個絨線球給他，教他走進迷宮時將絨線拴在門上，然後邊走邊放線，回程時沿著絨線便可以走出迷宮，公主還給了他一把利劍。特修斯就這樣殺死彌諾陶洛斯，順利逃出迷宮，並依約帶公主離開。

牛頭人身的造形或者可以追溯到歐洲野牛（*Bison bonasus*），這種身體壯碩的牛，在兩萬多年前的舊石器時代晚期起，就常出現於史前洞穴的壁畫中，以雄牛象徵豐收與力量。此後對雄牛的崇拜逐漸成形，經過數千年的洗禮，造出牛頭人身的神話，而迷宮也是以當時（公元前二千年）宏偉的宮殿為基礎所想像出來的。不過既是出於人的想像，這些半人半獸的怪物，不管來自西方或東方，都有人的七情六慾，甚至人性多於獸性呢。

【牛驥同皁】

驥，良馬；皁，馬槽。指良馬與牛同槽共食。比喻賢愚不分。又作「牛驥一皁」、「牛驥共槽」、「牛驥共牢」。

這則成語出自漢代鄒陽的〈獄中上梁惠王書〉：「使不羈之士與牛驥同皁，此鮑焦所以忿于世而不留富貴之樂也。」宋代文天祥在〈正氣歌〉裡也有「牛驥同一皁，雞棲鳳凰食」的名句。從這裡可以看出，在古人的心目中，馬、牛雖然同為役畜，一個張羅吃的，一個包辦行的，但馬的身價似乎比牛高，唯「馬首是瞻」。

回顧人類的歷史，牛對人類的生活、文明的形成與更新，著實有重大的影響。牛的馴養大約始於八千年前的西亞地區，遠比馬的馴養早兩千年，因此牛可以說是人類最古老的財富之一，擁有越多隻牛，表示越有錢。牛的英文cattle和「動產」的英文chattel、「資本」的英文capital，都來自同一個語源。英文的第一個字母A，是「牛頭」的象形字，而希臘文的第一個字母α，出自於閃語（Semitic）的Aleph，也就是「牛」。

從五千年前巴比倫泥板上的楔形文字記載，可知當時已有頻繁的牛隻買賣了；而從古代一些戰爭後，勝利一方對戰敗一方的牛、羊等家畜的對待方式，更能看出牛隻的重要性及意義。例如，四千年前，從印度北方侵略印度河流域的遊牧民族雅利安人（Aryans），徹底破壞好幾個城市後，把所有的家畜都帶走。古埃及人征服中東地區時，也是擄走一大群牛隻；後來亞述人打敗埃及人後，同樣取走埃及人的牛群。從《聖經．舊約》及其他古代文獻，也都可以看到牛隻列在古人的財產清單上，牛的重要性不容置疑。

在印度，牛是備受敬重的動物，印度人不僅不吃牛肉，也不使用牛皮製的皮帶、皮鞋等物品。牛在街上有撒野的特權，遇到牛，人、車都要禮讓。為什麼牛享有如此的特權？原來在印度教義裡，主神之一的破壞神濕婆的坐騎就是牛，印度人相信牛是具有神性的靈獸，不可褻瀆，並以「聖牛」尊稱。

其實，在中國古代，牛也是極受重用的家畜。中國的養牛歷史至少有六千年。在遠古時代，牛被用作祭祀的牲禮。夏代、商代設有牧官，統治地方，並管理養牛和其他畜牧生產。殷商甲骨文中，已見牛、犁二字，也有「沉牛」一詞，被認為是水牛的古稱。此外，牛與老虎的圖案更一起出現在青銅器、王柩的台座上，可見牛在當時極被看重。周代時，用牛、羊、豬三牲祭祀，稱為太牢，當時已根據牛角的發育程度來判斷牛的年紀，並區分等級；還設有「牛人」一職，管理國家所有的牛。隨著鐵製農具的普及，牛耕獲得推廣，到了春秋戰國時期，耕作漸漸成為牛的主要用途；也是從這時候開始，由於運輸及軍事防衛上的需要，馬的地位漸漸凌駕在牛之上。秦、漢以後，隨著中央集權制的建立，畜牧管理組織逐漸成型，設有太僕寺或群牧司之類的牧政機關，並透過馬政組織來發展包括牛在內的其他畜牧業。

雖然牛的主要用途是耕作，但在某些朝代的缺馬地區，牛車使用頻繁，甚至有騎牛代步的情形。尤其元代大量搜刮民馬，民間的畜力運輸一度以牛為主。至於牛乳及其製品，則在秦漢時期由塞外傳入；而牛肉的食用，由於受限於經濟條件及佛教的影響，一直不曾普及。

在一些美國西部片中，可以看到牛仔們捉到牛後，以灼熱的鐵片在牛身上烙印作記號，以防止自己的牛隻被別人盜走後無從證明是自己所有。其實這種防盜方法，早在公元前三千年即已出現，在印度東部地域的壁畫上更發現印有圓筒形印章的兩隻雄牛，此後並傳到中東、埃及的古文化地域。

由於牛是很重要的家畜，自古以來，對盜牛的處罰頗重，但依時代、地區及犯案情節而有別。例如秦、漢時期「盜馬者死，盜牛者枷」（見桓寬《鹽鐵論．卷十．刑德第五十五》），而在馬政相當完善的元代，根據《元史．志第五十二．刑法三》的記載，盜牛者和盜駱駝、馬、驢、騾的人一樣，取一償九，並接受杖刑。初犯，為首謀的，杖刑七十七下，並服刑一年半；為從犯的，杖刑六十七下，並服刑一年。如果再犯，杖刑一百七十下，並充軍。元代的刑法越到晚期，越嚴格。至元二年（一六二五年）八月頒布的法令規定，「盜牛馬者劓」，劓就是割去鼻子。相較於《聖經》規定的「人若偷牛或羊，無論是宰了，是賣了，他就要以五牛賠一牛，四羊賠一羊」（見〈出埃及記〉第二十二章第一節），不可不謂重刑。

【汗牛充棟】

指書籍運送時，牛累得出汗；存放時書籍多到可堆到屋頂。形容書籍極多。又作「充棟汗牛」。

【相反詞】鳳毛麟角。

這則成語出自唐代柳宗元的〈唐故給事中皇太子侍讀陸文通先生墓表〉：「其為書，處則充棟宇，出則汗牛馬。」書籍多到牛搬得累出汗來、堆疊到天花板的地步，的確很嚇人，整理那些書，絕對是場夢魘，書的主人必定忙到「氣喘如牛」。當然「汗牛充棟」是誇張的形容，但這則成語也隱約透露出牛是力氣很大的動物。

大家都知道，十八世紀六〇年代起的工業革命，是人類發展史上影響最深遠的重要事件之一，與它不相上下、卻常被我們忽略的重大變革是，從採集、漁獵的生活方式轉向家畜的飼養。人類初期的畜牧也包括牛的飼養，由於人類居住的遺址中，出現不少牛骨，從此推測養牛的目的可能是為了取得牛肉。

那麼人們是何時開始養牛？雖然沒有確切的資料可查，然而在中歐西班牙的阿爾塔米拉（Altamira）洞穴中，已發現了大約一萬兩千年前留下的野牛壁畫，而且壁畫上的那兩隻牛畫得相當正確，顯然畫的人對野牛做過近距離的接觸或觀察，因此有人推測當時已有飼養牛隻的行為了。此後的數千年間，在法國、印度、中東等地的新石器時代初期的遺址中，也都發現一些牛骨或牛的壁畫。

發明車輪的埃及人，可能也是最早將牛用於食用以外的民族。鋤頭的發明雖然比車輪晚些，但它的出現擴大了農耕的效率及牛的利用範圍。在公元前二千五百年的埃及文獻中，已詳細記載如何把鋤頭綁在牛隻身上的方法。根據公元前一七〇〇年的埃及農民曆書的記載，利用綁鋤頭的牛耕作時，必須使用受過特殊訓練的雄牛，由此可知當時埃及人已觀察到雄牛的力氣大於雌牛，更適合各種役用。

利用牛隻耕作、以牛車運搬各種貨物，為人類的物質生活帶來很大的變化，首先是農耕地的擴大，隨之而來的是農產品產量的增加，如此不但改變一般人的生活條件，也使不少人不必自己從事農耕工作，而專心祭神、繪畫、建築等其他工作，加速職業的分化及社會階層的形成。此外，牛車的代步及載運，也讓農產品及其他貨物的運銷更加方便。

這種以牛耕田、載貨的農技後來輾轉傳到中東、西印度、中國，改變該地人們的生活面貌，並促成一些輝煌文化的建立。公元前三三一年，征服波斯、埃及與巴基斯坦的部分地區的亞歷山大大帝，當然也不會放過如此有用的牛隻，在軍隊的守護下，牛群曾被送到希臘的馬其頓。

不過，牛用於耕作及運輸的盛況今已不再。雖然在亞洲及非洲一些較未開發的地區，牛仍是很重要的役畜；但隨著人類文明的進步，各時代、各種形式的產業革命，省力省時的高科技機械工具，早已取代了牛的役用價值。

現代科技的突飛猛進，也改變了資訊傳播的方式。尤其電腦的發明及不斷更新，讓大量的資訊可以用數位的形式儲存、處理和傳播，所謂的「電子書」也應運而生。它解決了傳統書籍保存年限和庫存的問題，不論攜帶或傳輸都很便利，挑戰著人們傳統的閱讀習慣。它會完全取代傳統的紙本書籍嗎？若有那麼一天，「汗牛充棟」也將成為歷史名詞，走入人們的記憶中！

【吳牛喘月】

長江、淮水一帶的水牛怕熱，看見月亮以為是太陽，喘個不停。比喻見到曾受其害的類似事物，過分害怕驚懼。有時也用來形容天氣炎熱。

這則成語出自漢代應劭的《風俗通義．佚文》：「吳牛望月則喘，使之苦於日，見月怖，亦喘之矣。」吳牛因為被太陽曬怕了，看到月亮也怕的故事，聽起來荒謬可笑，但類似的情形在自然界不難看到。

分布在美國、以長距離遷移而有名的帝王蝶（*Danaus plexippus*），有桔黃色配上黑色粗條紋的翅膀，目標很顯著。由於牠的幼蟲以馬利筋為食物，馬利筋所含的植物鹼便隨著幼蟲的取食，移到幼蟲體內，使牠形成獨特的體味。而這種味道恰好是鳥類眼中的「劣味」，鳥類不小心啄食了幼蟲，會馬上把幼蟲吐出來，而且記住這次慘痛的經驗，下次看到帝王蝶幼蟲時不敢再去碰它，以免重蹈覆轍。由於造成幼蟲劣味的成分，多少也隨著幼蟲的化蛹、羽化移入成蟲（蝴蝶）的身體，因此多種蟲食性鳥類像「吳牛喘月」似地，看到帝王蝶也敬而遠之。

在台灣，五、六月間，豆科植物上常可見到翅膀黑色、輕軟，頭部呈深紅色，別名紅頭師公的豆芫菁。牠身含芫菁素的劇毒，以黑色配紅色的鮮豔體色出現在綠色的葉片上，警告其他動物別對牠有非分之想。牠那代表「我有毒」的警戒色，的確讓一些動物有「吳牛喘月」的行為反應。此外，以放臭屁而有名的臭鼬，用黑、白條紋相間的警戒色，悠哉地在草原活動；雨傘節以黑、白相間的體色表示自己的劇毒性。胡蜂也以黑色配黃色的警戒色，對外界宣稱牠是攻擊性很強的危險人物，讓許多動物避之惟恐不及，因此有些學校的校車仿效胡蜂，刻意塗上黑、黃相間的條紋，讓來往的人車提高警覺，以保障行車的安全。如果動物們沒有「吳牛喘月」的聯想能力及學習能力，而且都很健忘，那些警戒色、警戒音的自衛功能都會化為烏有。

和「吳牛喘月」這則成語相互呼應的，還有「蜀犬吠日」和「越（粵）犬吠雪」，它們也都是借用一地的動物對自然現象的反應，來比喻人的某種行為表現，不過後二者意思較接近，用來形容人少見多怪。

【放牛吃草】

比喻自由行動。

把牛放到野外，讓牠自由吃草，對牛而言是件很快樂的事。雖然牛早已被人類馴養，成為重要的家畜之一，為了讓乳牛擠出更多的奶，肉牛長更多的肉，人們將牠們關在牛欄裡密集飼養，但畢竟八千年前，牛是在野外自在地吃草的，「放牛吃草」很合牛的天性。

牛以纖維質為主的草葉為主食，由於纖維質不夠營養，而且無法直接消化利用，牠採取以量取勝的攝食方式，也就是能吃就盡量多吃；而為了消化纖維質，牠也下了一番功夫——反芻。因此，牠從取食、反芻，到吸收、利用食物中的營養，要花費相當多的時間。

牛有四個胃，或說牛的胃分成四大胃室，第一胃是瘤胃，第二胃是蜂巢胃，第三胃是重瓣胃，第四胃是皺胃。取食的食物先進入第一胃，成牛的第一胃約有二百公升的容量，稱得上是巨胃；牛的腹部膨大，用拳頭打一下，會發出打鼓聲，就是第一胃造成的。第一胃和第二胃中，有許多共生的細菌和原生動物，牠們分泌可以分解纖維質的酵素——纖維酶，本身不分泌纖維酶的牛，就利用共生微生物的作用，將纖維分解成可以吸收的營養成分。

取一滴第一胃的內容物，以顯微鏡觀察，可以發現超過三十種不同形狀的共生微生物，而且一立方公釐（1ml）中多達十億隻；如此高密度的微生物群集，在其他動物身上或地球任何地方都難得看到。牛的消化管內缺氧，保持嫌氣狀態，這些微生物具嫌氣性，自然無法在野外的空氣裡存活，只能以牛胃為棲所，藉由牛的取食得到食物而維生，與牛保持互利共生的關係。微生物將牛所取食的草分解成醋酸、酪酸等脂肪酸及氨、二氧化碳、甲烴等；其中，後兩者從牛的嘴巴排泄出去；脂肪酸中的碳，用於肉、奶的形成；醋酸變成主要的能量。氨則從第一胃吸收後，在肝臟變成尿素，成為唾液的成分之一，也是共生微生物生活所需的蛋白源。

食物到第二胃後，又回到口腔，此時牛流著大量唾液，混著唾液再細嚼一次食物，就是所謂的反芻。牛一天的唾液生產量高達二十公升，是我們的二十倍。食物經過反芻後，從第三胃進入第四胃。第四胃才是相當於我們的胃的消化器官，食物在這裡受到牛體分泌的消化酵素的作用而被消化。與我們的胃一樣，第四胃也會分泌強酸性的胃酸。就像我們不幸吃進一些病原菌，在胃酸的作用下它們會被殺死，而我們則平安無事；進入第四胃的共生微生物，在此也被胃酸殺滅，此後變成牛的主要蛋白源，牛就是以這種方法，控制整個胃裡共生微生物的密度。

牛為何會有反芻的行為？一般相信，在自然界中，許多動物為了躲避敵害，往往先急就章地快速進食，然後再移到比較安全的地方，慢慢消化，久而久之就演化出「反芻」的型態。

在我們的概念裡，牛屬於草食性動物，但從消化生理學的立場來看，牠其實是食菌的動物。無論食草或食菌，牛放到野外吃草或在棚內吃飼料，其實都是在飼養體內的共生微生物。由此可知，有高蛋白食物之稱的牛肉、牛奶，實際上，都來自共生微生物的屍體。

談完牛吃草的機制，現在來看看放牛的問題。雖然牛在牛棚裡飼養近萬年了，但和其他動物一樣，呼吸新鮮的空氣、做適當的運動，對牛的健康也很重要。正如放養的土雞與養在雞舍的飼料雞，肉質不同，放牛也有提升肉質、奶質的效果。牛欄裡餵飼的牧草，是收刈後的「死草」，而牧場上的草是「活草」。「死草」也許才刈下沒幾個小時，但成分已產生一些變化，這種變化會影響牛對食物的選擇性，甚至影響發育。如此看來，「放牛吃草」對牛和飼主而言是好的，飼主之所以「放牛」，是為了讓牛長得好、長得健康。

不知何時開始，「放牛吃草」被解釋為全然的放任、撒手不管。尤其用於形容教育現況，有所謂的「放牛班」，美其名為「無為而治」，其實是「任其自生自滅」，與「放牛吃草」的原始意義背道而馳，令人感慨！

【童牛角馬】

沒有角的牛和長了角的馬。形容不倫不類、違背常理的事物。

這則成語出自漢代揚雄的《太玄經．卷三．更》：「童牛角馬，不今不古。測曰：『童牛角馬，變天常也。』」

世界之大，無奇不有！在近兩百萬種已知的動物中，的確有一些「童牛角馬型」的動物，例如會產卵、但也會哺乳的鴨嘴獸；似鹿又似馬、驢的駝鹿（四不像）等，但在此要介紹一般人較陌生的蹄兔（*Procavia capensis*）。

蹄兔分布在中東及非洲，並不分布於亞洲。由於牠的形狀有點像狸，且棲息在丘陵、河邊、草原的多岩石地區，又被稱為岩狸。其實牠的外形更像穴兔或大型的老鼠，有適合在岩石地域活動的腳，腳底有中央部凹陷的厚蹄，蹄兔的名字就是這樣來的。蹄兔的牙齒也很特別，上顎的門牙和象牙一樣，是會不斷生長的無根齒。此外，蹄兔的背部有腺體，可以分泌異味，驅趕害敵。由此可知，蹄兔同時具備嚙齒目、有蹄目、長鼻目的特徵，說牠如「童牛角馬」般不倫不類，一點也不為過。雖然如此，牠被歸為祖先型的有蹄類動物。

雖然蹄兔上顎的門牙，和象牙或儒艮的牙一樣，會不斷生長，但下顎的門牙是有根齒，不會一直生長，因此牠以草、地下莖為主食，偶爾才取食昆蟲，這點和嚙齒目的老鼠的雜食性顯然不同。老鼠下顎的門牙是會一直生長的無根齒，因此必須經常嚙咬很硬的東西來磨牙。蹄兔雖以植物為主食，但不像一般的反芻動物那樣有四個胃室，蹄兔只有三個胃室，不會反芻，全賴大型的盲腸和副盲腸慢慢消化吸收植物的纖維。

蹄兔沒有一定的繁殖期，懷孕期約七至七個半月，一次只產二、三胎，以牠三十～四十公分的體長來看，這樣的懷孕期顯得過長。剛生下來的嬰兔已有毛，眼睛也張開著，數個小時後即可走動。

由於蹄兔常在裸露的岩石地區走動，發出高音調的叫聲，而且數十隻、甚至數百隻群居在一起，目標很顯著，因此公元前一千一百年的腓尼基人登陸伊比利半島時，把當地的穴兔當成是中東地區的蹄兔（Shaphan），並將此地命名為「蹄兔島」（Ishaphan），這就是「西班牙」（Ispania）的語源。

《聖經．舊約》曾三次提到蹄兔，不過中譯合和本聖經將蹄兔的希伯來文shafan，音譯成「沙番」。從以下三處經文的記載，可知當時的人對蹄兔的反芻、穴居的生活習性已有相當的了解：

沙番，因為倒嚼不分蹄，就與你們不潔淨。（見《利未記》11：5）

高山為野山羊的住所，巖石為沙番的藏處。見《詩篇》104：18）

沙番是軟弱之類，卻在磐石中造房。（見《箴言》30：26）

甚至將沙番和螞蟻、蝗蟲和守宮，形容為「地上有四樣小物，卻甚聰明」。（見《箴言》30：24-28）。

總之，像蹄兔這類「童牛角馬型」的動物，還是不能小看牠。

【對牛彈琴】

比喻對不懂道理的人講道理或講話不看對象。

【相似詞】對牛鼓簧、對驢撫琴。

這則成語出自《弘明集．卷一．漢．牟融．理惑論》。牟子在解釋自己為什麼用儒家經典來講解佛理時，舉了春秋時代魯人公明儀對牛彈琴的例子。有一次公明儀看見牛在吃草，就彈琴給牠聽，可是牛卻充耳不聞，專心吃草，他覺得人類的音樂不適合給牛聽，便改彈類似蚊虻振翅、落單小牛悲鳴的聲音，結果牛立刻停止吃草，搖著尾巴，豎起耳朵聆聽。從故事的情節看來，牟子並沒有看輕牛的意思，只是借題發揮，陳明自己的用意。但不知何時開始，這則成語已披上濃厚的譏諷意味。

對牛的鄙視，或許來自牠笨重、看似憨厚的外形及緩慢的動作，其實牛的慢有牠的道理。從務實的角度來看，草食性的牠根本不需要敏捷的行為反應。牛有反芻的習慣，四個胃室各司其職，吃草時只要把舌頭伸出來，不管嫩葉、成葉，捲起整個葉片往肚子裡吞即可，這樣的取食行為，難免給人懶散的感覺。此外，頭上有一對防禦用的角，也使牠遇到害敵攻擊時，不必像馬那樣疾跑。尤其生活在廣闊草原的群居性野牛，當掠食者靠近牠們時，牠們會先將防守能力較差的雌牛和幼牛集中在一起，然後雄牛們頭朝外地圍住雌牛和幼牛，形成圓陣，以牛角對抗掠食者，這種威猛的陣仗，連獅子等大型動物也望之卻步。

其實對牛彈琴，牛是有反應的，絕非無動於衷！研究顯示，音樂對乳牛的泌乳行為有一定的影響。柔和悅耳的音樂，有助於刺激乳牛大腦皮層的運作，能讓乳汁增加百分之二至百分之三；動感十足的搖滾樂，則讓牛乳的產量明顯減少。更有人認為，莫札特的音樂最能引起牛的共鳴。當然，乳汁的質與量，和乳牛本身的體質、年齡、健康狀況，以及飼料、管理、天候等外在因素，也息息相關。

類似的實驗也見於養雞場，播放柔和音樂的該月份，產蛋量由平均每隻產二十粒蛋，增加到二十五粒蛋。在餵飼豬隻時放柔和的音樂，有平穩豬隻心情的作用，讓牠們可以安靜等候食槽內的飼料填滿，避免推擠。音樂不只對動物有作用，根據研究，它對植物的生長也有所影響。一些科學家相信，音樂造成的葉面振動，可以促進植物體內養分的吸收及利用，並加速根部吸收水分的速度。義大利的果農讓葡萄聽莫札特的《魔笛》和維瓦第的《四季》，葡萄長得特別好，在十天至十四天就成熟，不像平常需要二十天左右；而且根部強壯，朝播音器的方向伸展。

【初生之犢不畏虎】

剛出生的小牛不知猛虎的可怕。用以比喻膽大敢為，無所畏懼的年輕人。又作「初生之犢不懼虎」、「初生之犢不怕虎」、「初生之犢猛於虎」。

這則成語最早出自《莊子．知北遊》：「汝瞳焉如新生之犢，而無求其故。」後來常被用在對話和章回小說裡，形容閱歷不多，不知事情艱難和後果，卻勇往直前的年輕人。《封神演義》第三十三回有：「黃天祿年紀雖幼，原是將門之子，傳授精妙，鎗法如神，不分起倒，一勇而進。正是初生之犢猛於虎。」同書第七十三回有：「天祥年方十七歲，正所謂初生之犢不懼虎，催開戰馬，搖手中鎗衝殺過來。」

其實這則成語帶有一點譏笑年輕人有眼不識泰山的意味，它讓我想起希臘神話中的一段故事。即雅典的一個男孩伊卡洛斯（Icarus），為了走出牛人彌諾陶洛斯的迷宮，用他父親做的翅膀飛越重圍，雖然起飛前，父親一再叮嚀他不要飛太高，以免危險，但頭一次飛翔的伊卡洛斯過於興奮，竟然忘了父親的警告，飛得太靠近太陽，結果翅膀上的膠蠟被太陽的熱所融化，伊卡洛斯不幸摔死。

的確，涉世不深的年輕人常是滿腔熱血，但經驗不夠，因躁進而易嘗苦頭，包括人類在內的許多年輕動物，甚至常因冒了不必要的危險而喪命。在一次以食物誘捕烏鴉的試驗中，被捕而關進籠子的五十隻烏鴉當中，成烏只有兩隻，其他都是不知環境險惡、判斷能力差的當年生幼鴉。設置黏膠板捉老鼠時，被捉到的老鼠也是以戒心較低的幼鼠居多，有繁殖能力的成熟期老鼠，對黏膠板已有高度的戒心，不會輕易上當，仍然逍遙地在生產。也因為這樣，被殺滅的老鼠雖多，還是出現殺也殺不完的情形，這是滅鼠工作難以突破的瓶頸。

在「狼心狗肺」（見95頁）介紹的印度西孟加拉州密林裡，兩個由狼哺育的女孩，也是典型的「初生之犢不畏虎」。她們被人發現時大的約八歲，小的僅一歲半，因為年幼無知，不懂得狼之可怕，所以才與狼相安無事，甚至獲得雌狼的母愛及狼群的呵護。

在動物園裡，我們常可看到小孩天真浪漫地貼著豢養動物的籠子，好奇地盯著看，一副天不怕、地不怕的樣子，而知道「獸心險惡」的大人總是在旁叮囑小孩要小心。孩子們的「因為無知，所以無懼」，也是「初生之犢不畏虎」的最佳寫照。

【羊入虎口】

比喻置身於危險的境地，必死無疑。又作「羊落虎口」。

羊有沒有落入虎口的可能性？不敢說絕對沒有，因為羊，也就是我們一般所說的綿羊，通常被認為是性情溫順膽小、行動較遲鈍的動物，尤其在基督教社會裡，耶穌被比喻成好牧人，牧師被比喻為牧羊人，信徒則是羊。此外，在《伊索寓言》及許多童話故事中，羊也常常是一副弱者的模樣，被狼欺負得慘兮兮。那麼，如果接近虎口的是山羊，情形會如何呢？

雖然綿羊與山羊同是牛科、山羊亞科的動物，但隸屬於不同屬，形態上也有明顯的差異。綿羊頭上的角向前方呈螺旋狀彎曲；山羊的角則向後方直狀伸長，而且下顎下面長了鬍子。山羊生性好奇，行動較為活潑，喜歡爬到高處；行動遲鈍的綿羊就沒這種本事。綿羊的主要食物是草；山羊卻較喜歡樹葉、灌木的細枝，甚至還會吃樹皮。在青草無法生長的地方，山羊也能生存；在食物條件欠佳的情形下，母山羊仍能生小羊、餵奶。憑著上述優點，山羊很自然地成為荒涼山區居民的重要家畜。當然，山羊的活潑好動和生活於森林的習性，也讓牠靠近虎口的機會比綿羊多些，即使牠的動作再敏捷，也不敵老虎刁鑽的跳躍捕捉能力，終究難逃一死。

或許因為山羊很能適應森林、高山的地形，常用一些取巧的方法橫越灌木或圍欄，在西方，尤其基督教世界，牠被看成與撒旦（魔鬼）同夥，以「撒旦的受造物」角色出現，代表罪惡、頑固、好色等不好的特質。《聖經．新約．馬太福音》第二十五章第三十二至三十四節如此提到：「萬民都要聚集在他面前，他要把他們分別出來，好像牧羊的分別綿羊山羊一般，把綿羊安置在右邊、山羊在左邊。於是王要向那右邊的說，你們這蒙我父賜福的，可來承受那創世以來為你們所預備的國。」因此，英諺中就有「從綿羊中把山羊分出來」（separate the sheep from the goats）這一則，意思是「辨別好人與壞人」。和牛、綿羊一樣，山羊作為第一批被人類馴養的家畜，至少為人類服務了數千年，卻換來這般形容詞，多少有些不堪。

值得一提的是，十六世紀開啟的大航海時代，山羊便隨著歐洲各國掀起的海外探險風潮，堂而皇之地搭上便船，擴大牠的分布範圍。當時冷藏設備尚未開發，如何在長期的航程中補給新鮮食品，是必須克服的問題，有人想到何不利用山羊的高適應力來解決食物的問題。於是一批一批的山羊被送上船，釋放到世界各地的島嶼，讓山羊在該島自立生活，以便他們下次停泊該島時，可以捉幾隻山羊來充飢。

台灣小蘭嶼的野生山羊就是這樣來的。雖然對人類來講，這種做法立意甚佳，也真的解決了一些問題，可以在漫漫航程中補充營養，脫離壞死病的威脅——因為生肉裡含有不少維生素C。但作為外來種的山羊，猛吃釋放地樹木的結果是，嚴重影響該地的生態系，威脅到本來生活在這裡的草食性動物。這種「羊入新地」的做法，使原產生物處於危險的境地，其殺傷力遠比讓自己置身於險境的「羊入虎口」來得更強。

【順手牽羊】

比喻趁便順勢，取走他人的財物。或作趁機行事，容易而不費力。

這則成語出自《禮記．曲禮上》：「進几杖者，拂之。效馬、效羊者，右牽之；效犬者，左牽之。」本來是在談進獻的規矩，獻几杖前，要先拂去灰塵，擦拭乾淨。獻馬、羊時，用右手牽著，因為牠們性情溫馴。獻狗的時候，要用左手牽著，因為狗的性情較活潑急躁，右手要空著，以便必要時制伏。後來不知為何，「順手牽羊」轉成字面上的意思，指順手牽走別人的羊，然後又引申為趁人不察取走財物或藉機行事。

狗是否真的不如馬、羊溫和好控制，不在本文討論的重點，不過可以確定的是，羊自古以來似乎都給人溫順的印象。關於羊的習性，在「羊入虎口」單元（見234頁）中已談過，在此不再贅述。

自然界裡，有一些「順手牽羊」型的動物，例如一些嗜蟻動物。牠們的種類五花八門，包括蜘蛛、衣魚、甲蟲、蠅、蝴蝶幼蟲等，其中不少種類的外形，跟螞蟻相去甚遠，但牠們卻能夠潛入蟻巢，與螞蟻建立友誼（如蚜蟲）。原因在於牠們在蟻巢門口「順手牽羊」地偷走螞蟻體表的體臭物質，撒在自己身上，讓自己聞起來像螞蟻。原來螞蟻體表的體臭物質就是進入蟻巢的通行證，視力不佳的螞蟻，在昏暗的巢中全靠它來識別同伴，只要對方氣味不對，就下逐客令。「牽羊」成功的嗜蟻動物進入蟻巢後，就各憑本事和螞蟻打交道、混日子。

但自然界裡，也有一些「牽錯羊」的例子。花蜂寄生吸木蟲（*Atherophagus nigricornis*）成蟲是體長三．三～三．六公釐、呈長橢圓形的小甲蟲，黃白色的身體上面有粉紅色的斑點；當牠停在白花的粉紅色花蕾時，常常不易被發現。寄生吸木蟲便利用體色的優勢，趁著圓花蜂（*Bombus* spp.）停在花朵專心吸蜜時，以牠粗壯銳利的大顎緊咬花蜂腳部末端的跗節、觸角等，吸完蜜的圓花蜂只好在半推半就下，將寄生吸木蟲帶回巢中，從此開始了牠倒楣的生活。

寄生吸木蟲不僅取食圓花蜂辛苦用花粉和蠟蜜蓋建的巢室，也在此交尾、產卵、繁殖後代。孵化的幼蟲除了取食巢壁，也捕食花蜂的幼蟲和蛹，直到發育為成蟲後，才離開圓花蜂的蜂巢。「牽錯羊」的圓花蜂只能默默領受這一切！

【掛羊頭賣狗肉】

比喻表裡不一，欺騙矇混。又作「掛羊頭煮狗肉」、「羊頭狗肉」、「賣狗懸羊」。

【相似詞】懸牛首賣馬肉。

這則成語出自宋代釋普濟的《五燈會元．卷十六．元豐清滿禪師》：「有般名利之徒，為人天師，懸羊頭賣狗肉，壞後進初機，滅先聖洪範。」雖然這只是比喻，諷刺人不誠實，但從字面上來看，意思就是「掛上高級貨招牌賣劣等貨」。

狗肉是否真的比羊肉差？我們不妨來探究一下中國的吃狗肉歷史。

狗肉又被叫做香肉，在廣西、雲南等地俗稱「地羊」；為了食用而特別飼養的狗，叫做「菜狗」，以豬皮與魚的內臟為主做成的飼料「狗王滔」飼養。考古學者曾在黃河中、上游及長江中、下游的新石器時代遺址中，發現不少狗、豬、羊、牛的骨頭。從出土的骨頭量來推測，公元前五千年至三千年的仰韶文化時期，人們飼養的家畜似乎只有狗與豬兩種。至公元前二千六百年至二千年的龍山文化時期，才有飼養牛、綿羊、山羊等的痕跡，而狗骨的出土地區不僅廣泛，骨頭數量也相當可觀。狗不同於牛、羊，牠不適合以放牧的方式大量飼養，但竟然能在這些遺址發現這麼多的狗骨頭，可以大膽推測當時的人已知取食狗肉。

另一方面，從一些中國字，也可以看見利用狗肉的端倪。例如「獻」字，左半部是烹飪用的陶器，右半部是「犬」，表示以土鍋煮熟狗肉來當祭拜祀時的牲禮。又如，表示同意的「然」字，也來自以火燒烤狗肉。顯然造這些字時，利用狗肉的習慣已相當普遍。在距今約二千五百年的春秋戰國時期，狗肉已是很高級的肉，根據《周禮．天官》所記：「凡王之饋，食用六穀，膳用六牲」，這「六牲」指的是馬、牛、羊、豬、狗、雞，而用狗肉祭祀稱為「羹獻」。《禮記．月令》也提到：「孟秋之月……天子食麻與犬。」《禮記．內則》還提及狗肉的料理——犬羹和烤犬肝。此外，《國語．越語》記載越王句踐被吳國打敗後為了復仇，鼓勵婦女生產，若生男孩，就賞她兩壺酒和一隻狗，生女孩則賞兩壺酒和一隻豬，顯然當時狗肉還比豬肉珍貴。先秦時期，宮廷內設有專門管狗的官職「犬人」、負責鑒定狗的等級與飼養管理的「相犬」，民間也有「屠狗」的行業。

秦漢時代，有錢人吃牛肉，中等階層吃狗肉，平民百姓則吃豬肉。漢高祖劉邦酷愛吃狗肉，他還未發跡之前擔任亭長，每天都到好友樊噲的狗肉店光顧，但常賒帳，樊噲不堪其擾，還一度遷店。有人認為他做事深思熟慮、警戒心強，就是因為長期吃狗肉。一九七〇年代，湖南省長沙發現的馬王堆漢墓，是公元前約二百年地方貴族的墳墓，出土的陪葬品中，可以發現牛、羊、豬、馬、狗、鹿、兔的骨頭。

不過，在公元三世紀到六世紀的六朝時代，北方民族進入中原地區以後，吃狗肉的風氣開始轉變。由於北方民族以羊肉為主要肉品，羊肉的地位逐漸凌駕於狗肉之上。不僅如此，以狩獵為主的北方民族，也因為狗是他們狩獵時的好幫手，而相當排斥吃狗肉的行為，就這樣，狗肉慢慢淪為特殊地區庶民的食材。唐、宋二代，吃狗肉風氣驟減，主要與佛教有關，佛家認為狗肉污穢，不應食用。宋徽宗還曾因狗為其「本命」，而禁絕殺狗、吃狗肉。

狗肉雖然不再吃香，但還是有頗好此道者，時至今日，東北地區及貴州、廣西、廣東、福建一帶，仍有吃狗肉的風俗，並發展出著名的狗饌。廣東人尤其愛吃狗肉，廣州有「狗肉滾三滾，神仙站不穩」的俗諺。

狗肉含有蛋白質、脂肪、嘌呤類、肌肽及鉀、鈉、氯等營養物質，熱量相當高。李時珍的《本草綱目》談到，它能「安五臟，輕身益氣，宜腎，補胃，暖腰膝，壯氣力，補五癆七傷，補血脈、安下焦」等，民間還流傳狗肉有強腎壯陽、祛寒之效。不管它實際的療效及食補效果如何，在嗜食狗肉之人的眼中，它是鮮嫩美味、既香又補的上品。不過，在保護動物組織及愛狗人士的倡導下，台灣、香港等地已禁止吃狗肉的行為。

【指鹿為馬】

形容刻意顛倒是非。

【相似詞】顛倒黑白、顛倒是非、混淆黑白。

這則成語出自《史記．卷六．秦始皇本紀》：「趙高欲為亂，恐群臣不聽，乃先設驗，持鹿獻於二世，曰：『馬也』，二世曰：『丞相誤耶？謂鹿為馬。』問左右，左右或默，或言馬以阿順趙高。或言鹿（者），高因陰中諸言鹿者以法。」生性奸詐、充滿野心的趙高，故意用鹿來混淆視聽，試探群臣的忠誠度及自己謀奪帝位的可能性。明明騎的是鹿，但有人卻逢迎趙高，把鹿說成馬，搞到後來秦二世不相信自己所看到的事實。

撇開趙高的奸巧不談，來看有可能陷於「指鹿為馬」疑雲的動物——駝鹿（麋鹿，*Elaphurus davidianus*），即所謂的「四不像」。關於「四不像」是哪四不像，有人說它「頭類鹿，腳類牛，尾類驢，頸背類駱駝」，有人說它「蹄似牛，頭似羊，體

似驢，角似鹿」，有好幾種不同的說法。仔細觀察駝鹿的形態特徵，的確會發現很難如實地描述，牠的尾巴其實比鹿的長，像兔毛；腳蹄如馴鹿蹄般地展開；犄角在根部分叉，且長達七十~九十公分，一年換兩次。

駝鹿的外形讓人津津樂道，其實牠的發現和復育故事也相當吸引人。此事得從一八六一年談起，當時三十五歲的法籍傳教士譚衛道（Jean-Pierre A. David, 1826-1900）被派駐到北京傳教。由於他對博物學有濃厚的興趣，法國科學院委託他蒐集中國產的動物標本，因此他常利用傳道閒暇採集各種標本。一八六五年，也就是譚衛道派駐北京的第四年，聽說北京南方一百公里外的南苑飼養奇獸，一心想探個究竟，不過南苑周圍以高牆環繞，難以偷窺。所幸此年十一月，為了做些修繕工程，南苑高牆外面堆放著一堆砂，於是譚衛道趁沒人注意時，爬上砂堆偷窺南苑裡面的情形。

出現在譚衛道眼前的，是一群他從未看過的鹿。雖然清廷不願讓這批珍獸離開南苑，但翌年他收買了管理南苑的人，得到一枚雄鹿的皮毛與骨骼，將它們送到巴黎的博物館收藏，從此西歐世界知道了該鹿的存在。為了記念譚衛道的「慧眼識珍獸」，駝鹿的英文名為Pe`re David's deer。有關駝鹿的記載，僅見於春秋時代，野生種似乎早已絕跡，但不知為何，飼養在南苑的駝鹿隻數多達約一百二十隻。

清末西歐列強勢力伸向中國，清廷文弱，常無法拒絕列強的索求，一八七〇年，英國倫敦動物園竟獲得五隻活駝鹿，接著德國動物園也得到活駝鹿，但牠們在異國飼養不久就死亡。一八九五年，英國貝福特公爵（11th Duke of Bedford）從北京取得十五隻活駝鹿，飼養於他自己的莊園。一八九四年，北京地區發生大水災，南苑的圍牆被沖毀，多隻駝鹿逃出，慘遭附近農民捕食；更令人遺憾的是，一九〇〇年義和團事件爆發，困在北京的義和團團員為了充飢，竟將仍留養在南苑的駝鹿殺盡，造成駝鹿在中國大陸絕跡。幸好，貝福特公爵莊園中的駝鹿由於獲得良好的照顧，順利地繁衍，在一九二二年時，共有成鹿四十七隻，小鹿十二隻，第二次世界大戰後，駝鹿超過三百隻，得以分送到世界各地（包括北京）的動物園飼養。

雖然地球上已無野生的駝鹿，但駝鹿目前普及於各地大型的動物園，是人類從絕跡邊緣搶救出來的典型動物之一。

【逐鹿中原】

比喻群雄並起，爭奪天下。又作「中原逐鹿」、「群雄逐鹿」。

這則成語出自《史記．卷九十二．淮陰侯傳》：「秦失其鹿，天下共逐之，於是高材疾足者先得焉。」在這裡，以鹿比喻帝位（政權）。

成語「鹿死誰手」，也是以追逐野鹿來比喻誰能奪得天下，不過後來常用於形容誰能在激烈的競爭或比賽中脫穎而出。為什麼要用鹿來作比喻？應是因為鹿是中國古代狩獵的主要對象之一。古人相信鹿是瑞獸，且鹿與祿同音，隱含著高官厚祿的意思。

在七千年前的羅家角文化遺址，及三千年前的殷墟文化遺址中，都曾經發掘出大批的鹿骨、鹿角及鹿骨製的工具。甲骨文中出現的獵物，也以鹿、麋及麑最多，其次為兕、象及虎等。商代生活奢靡的紂王不只造酒池肉林，也建了大型的鹿台和鹿苑，最後甚至在鹿台自焚而死。可見鹿在當時是極普遍也極受重視的動物。

人們最初獵捕鹿，是為了得到牠的肉和皮。《周禮．天官》有云：「庖人掌共六畜六獸六禽。」鹿即六獸之一；又《史記．太史公自序》提到：「上古之人，夏日葛衣，冬日鹿裘。」鹿茸的利用則可以追溯到公元二世紀的馬王堆漢墓《五十病方》，書中記載鹿角治療腫瘤。明代李時珍在《本草綱目》如此記載：「鹿茸性甘溫，為壯陽之品，能補元陽，治虛勞，填精血……」時至今日，鹿茸仍是極其珍貴的藥材。

古代有不少關於鹿的傳說及故事。傳自印度的九色鹿就是其中很有名的一則。相傳在古印度的恆河邊有一隻鹿王，全身有九種奇妙的顏色。有一天，九色鹿在河邊散步時，救起一個不幸落水的人。事後落水者表示，願終生侍奉九色鹿。九色鹿謝絕，只說希望他不要向任何人洩露他的住處，對方滿口答應。

一天夜裡，王后夢見美麗的九色鹿，醒來後一直念念不忘，於是國王下達懸賞九色鹿的布告。落水者看到布告後，禁不起利誘，來到宮廷向國王密告九色鹿的行蹤，於是國王帶著手下，親自前往恆河邊獵捕。九色鹿當場認出落水者，心有不甘地向國王陳述自己救人的經過。國王聽後，怒斥落水者忘恩負義，並下令任何人不得傷害九色鹿。後來落水者渾身長滿毒瘡，口中發出惡臭；王后也因為失去國王的寵愛，悲憤而死。

作於公元前三百年、印度兩大史詩之一的《羅摩衍那》，在開頭不久也出現一隻鹿，不過牠是金黃色的，是魔神部下的化身，主角羅摩（Rama）王子殺死這隻鹿後，正式展開與魔神激烈的鬥爭。

在中世紀的基督教社會，也有一些關於鹿的傳說。例如七世紀梅羅文加王朝（Merovingian）的貴族赫伯爾特（Hubertus, 656-727），他在王國中擔任狩獵監督官，熱愛狩獵而輕忽信仰。有一次，他違反教規，在耶穌受難日（Good Friday）出去狩獵，在森林裡遇到一隻大白鹿，遂追捕牠一整天。傍晚時分，白鹿突然停下來，回頭看著赫伯爾特，赫伯爾特看見鹿角間閃著神聖的光輝，有個基督釘在十字架上的像，他聽見白鹿說：「你為何一直追我？你這麼迷戀狩獵，是不會得救的，快去找倫伯特（Lambertus）主教，要遵守他的教導。」從此他痛改前非，成為虔誠的基督徒，後來更接續遭殺害的倫伯特擔任主教，死後受封為聖人，被視為獵人的保護者。

東羅馬帝國的將軍厄斯塔什（Eustache），也因為一隻鹿而有不一樣的人生。有一次在森林行軍時，遇見一隻背上有光輪、鹿角上掛著基督教十字架的大鹿，從此他和妻子、兒子受洗，改信基督教，之後雖然經歷許多苦難和試煉，但始終堅持信仰，後來被尊奉為聖人。

中世紀出版的《動物志》，深受基督教信仰的影響，將鹿定位於太陽的使者、天上與地上的仲介者，對鹿評價甚高，尤其以鹿角秋天脫落、翌春再生的現象，象徵豐收、多產與耶穌的復活。

另一方面，在狩獵中，鹿被認為柔弱、膽小、不夠機靈，因此捕獲牠所獲得的評價並不高；捕獲野豬、熊的獵人才被視為勇者，當時甚至以鹿來揶揄臨陣脫逃的膽小士兵。此外，鹿肉的取食在當時也不普遍，世襲貴族認為鹿肉肉質太軟、不利健康。

【羚羊掛角】

傳說羚羊夜眠時，將角掛在樹上，腳不著地，以免留足跡而遭人捕殺。比喻詩文意境超脫，不著痕跡。

這則成語出自宋代嚴羽的《滄浪詩話．詩辯》：「盛唐諸人，惟在興趣，羚羊掛角，無跡可求。故其妙處，透徹玲瓏，不可湊泊。」以羚羊的掛角而睡，來比喻盛唐詩人飄逸高妙的意境。羚羊真的掛角而睡嗎？牠為何要掛角而睡？陸佃在《埤雅．卷五．釋獸．羚羊》這樣解釋：「羚羊似羊而大角，有圓繞蹙文，夜則懸角木上以防患，語曰羚羊掛角，此之謂也。」

在中非深林裡一支自稱為Sune的矮小民族，他們也有「羚羊掛角」的說法，不過這裡的羚，指的是斑哥羚（*Tragelaphus eurycerus*, Bongo）。他們相信，斑哥羚把角掛在樹枝上，當獵人到樹枝下時，牠就跳到他的頭上。斑哥羚是草食性的動物，雖然只產於非洲，但在一些動物園可以看到，體長二百～二百五十公分，體重約二百公斤，紅褐色的身體上有十多條白色的橫走條紋，十分美麗。

羚羊類大多生活在草原，但斑哥羚生活在森林，在哺乳類動物中算是大型的，不過聽覺靈敏、動作輕快，牠們常常無聲地躲在森林裡，不容易被發現，因此牠和歐卡皮鹿（*Okapia johnstoni*）一樣，直到十九世紀末期才登上動物學的殿堂。

除了上述「羚羊掛角」的說法外，當地原住民還有「斑哥羚被追趕時會潛入水中，吃魚維生，至下一次旱期才爬上陸地」，「斑哥羚取食毒草，因此牠的肉不可吃」等的說法。以上三種說法的共同點為——斑哥羚是不易捕捉的動物，其實這樣的傳聞，很可能是捉不到牠的獵人講出來的「氣話」吧。斑哥羚雄性的角直直的，長約八十公分，當牠抬頭讓角平接背面時，可以在森林裡輕巧無聲的疾跑，但直狀的角如何掛在樹上？

羚羊類的角大多呈直狀，且依順時針方向左捻呈螺旋狀，雖然羚羊屬於偶蹄目的牛科，但牛與羚羊很容易區別——牛角不呈直狀，而是各向左、右方伸長，再向上方伸長；再者，牛平常似乎都帶著倦容、懶散低著頭，羚羊則常是抬頭挺立。

為何會有「羚羊掛角」的成語？嚴格說來，動物分類學上所講的羚羊類只分布於非洲，早期中原地區的人應該沒看過羚羊才對，中亞地區雖有塔爾羊（*Hemitragus jemlahicus*）、藍羊（*Pseudois nayaur*，岩羊）之類具有彎曲大角的動物，但牠們在動物分類學上屬於牛科中的另一亞科——山羊亞科，羚羊則屬於羚羊亞科，其中塔爾羊在中國的發現遲至一九七四年。所以，羚羊掛角的「羚」，應不是我們現今分類學上定義嚴謹的「羚羊」，古人觀察到的可能是另一些具有彎曲大角的山羊。

【豕突狼奔】

形容倉促奔逃的景況，或惡人的橫暴殘虐。又作「狼奔豕突」。

【相似詞】東逃西竄。

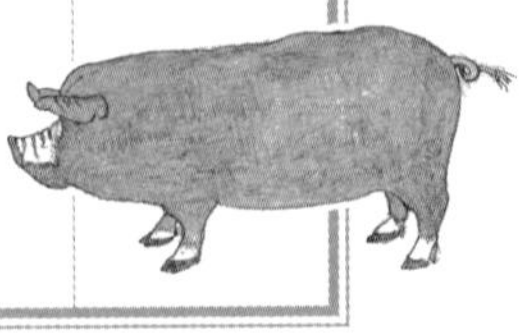

用豬的橫衝直撞、狼的四處奔竄來呈現奔逃時人心惶惶、行色匆匆的亂象，是很恰當的一種形容，另一則成語「狼奔鼠竄」也頗能反映此番場景。

豬跟人類的淵源非常深遠，據考古學者的調查，人類早在新石器時代初期就開始養豬了，在距今約九千年的廣西桂林甑皮岩遺址，已發現豬的骨頭，已有取食豬肉的情形。在距今六、七千年的浙江餘姚河姆渡遺址，家豬的骨頭在出土的動物骨骼中，佔了很大的比例，並有陶豬出土。在埃及四千年前的壁畫上，也可以看到不少豬的圖案，不過此時的豬，比現在的豬細瘦許多，腳也較長，比較像野豬。數千年來，豬成為人類最重要的家畜，對人類文明的影響無庸置疑，但這些付出並沒有為牠帶來較好的待遇，東、西方皆然。這或許和牠肥嘟嘟的外形、什麼都吃的雜食性、在泥堆中打滾的偏好，及容易飼養的隨和性有關。

西方對豬的歧視，並不亞於東方，在某些時代或地區甚至更嚴重。一一三一年十月十三日，一隻豬改變了法國王室的命運。這一天，法國國王路易六世十五歲的長子菲力普（Philippe）王子，帶著數位侍從騎馬到巴黎近郊，不幸發生墜馬的意外，不到數個小時即喪命。在中世紀，墜馬是常有的事，青春期男子死亡也不少見，但菲力普王子之死卻被視為很不榮譽的。原來意外會發生，是因為有一隻豬忽然衝進王子坐騎的左、右腳之間，馬受驚猛然迴轉，造成王子彈了出去，撞到石頭而身亡。菲力普王子早在三歲時，就依照當時法國王朝的慣例受封為副王，且於一一二九年四月十四日正式登基，成為年青王（Philippus Rex Junior），沒想到這位尊榮的王位繼承者，竟被人人所蔑視的豬殺死。此後幾世紀的歷史書上，都稱呼他「被豬殺的國王菲力普」。

豬是由分布在亞洲、歐洲等地的野豬，經過長年馴養成的家畜，因此兩者之間仍常有交尾生仔豬的情形，但在一般的社會觀念裡，豬與野豬有明顯的不同。野豬被視為高貴勇敢的動物，捕到牠表示自己很勇敢；在狩獵時被野豬刺死，更是體現英雄榮譽戰死的氣概；豬則是卑賤貪婪的象徵。因此，法國王室對堂堂的王位繼承者，竟然在巴黎近郊因為一隻卑賤的豬而墜馬身亡，感到臉上無光、有損尊榮。

在十二世紀到十四世紀的編年史上，都以「可恥之死」、「悲哀之死」等負面字句來記述菲力普的死亡。這項「醜聞」也成為路易王朝難以抹滅的污點。路易六世在此事發生後五天，將副王埋葬於皇室墓地。一一三一年十月二十五日，路易六世的次子路易（Louis）繼任為副王；一一三七年，路易六世過世，副王登位正式登基，成為國王路易七世。路易七世在位的三十多年，也是法國的多事之秋，例如他親自領導的第二次十字軍被打敗、皇后離婚並改嫁英格蘭國王等。

一隻豬竟然在法國惹出不少的禍，還真是不可思議！

【狗彘不若】

比喻人品低劣，連豬狗都不如。又作「豬狗不如」。

【相反詞】超凡入聖。

這則成語出自《荀子．榮辱》：「人也，憂忘其身，內忘其親，上忘其君，則是人也，而曾狗彘之不若也。」彘，豬。豬、狗連在一起的成語還有「狗彘不食」（連豬狗都嫌棄）、「行同（若）狗彘」（行為卑劣如豬狗）、「指豬罵狗」（拐彎抹角地罵人），「犬彘之食」（比喻食物非常粗糙）、「豬朋狗友」（酒肉朋友），都不是什麼好話。這當然和狗、豬的外形及其生活習性有關。

不過，狗跟豬比起來，處境和形象還是比較好，因為狗比較通人性，懂得看人臉色，和人的互動多，長得也比較討人喜歡。而豬，吃了就睡，餓了就吃，吃得一身胖嘟嘟的，給人好吃懶做的感覺。豬也因為活動量小，成為所有家畜中長得最快的。其實在造字的遠古時代，豬的形象應該不差，從「家」這個字就可以看出一二。「家」

的寶蓋頭（宀）下面就是一隻豬（豕）。

豬不同於其他家畜有多元的利用價值，像牛可以役用及供應牛奶、牛肉、皮革，羊有羊奶、羊肉、羊毛可利用，豬只有食用一途，人類養豬只為了取食其肉。因此，豬一輩子幾乎都侷限在豬欄裡，吃、住、拉、撒都在一處，身體自然容易沾染穢物，流露出臭味，給人不乾淨不衛生的觀感。說實在，豬的這些習性，也非渾然天成，幾千年來人類圈養牠、對待牠的方式，也是豬之所以為豬的關鍵。

其實豬是很愛乾淨的動物，在現代化的養豬場裡，管理員常常沖洗豬欄，讓豬置身在乾淨的生活空間。過去人們養豬比較隨便，不注重衛生、清潔，原因可能來自於我們對野豬習性的觀察：野豬常在泥巴裡打滾，弄得全身髒兮兮的。事實上，對在野外生活的野豬、水牛、犀牛等來說，洗泥巴浴可是很重要，泥巴不僅可以阻隔烈陽的曝曬，還可以殺滅牠身上的吸血性害蟲，預防牠們的寄生和攻擊。

持平而論，以人的衛生觀念來衡量野生動物的衛生習慣很不恰當，對牠們也不公平。例如分布於中南美洲的犰狳，以撒尿方式來標記自己領域的範圍，但在國外一些動物園曾發生以下的案例。管理員一看見犰狳撒尿，就急著撒水沖洗乾淨。犰狳眼見自己做的記號不見了，心裡不安，馬上再撒尿，結果尿又被管理員沖掉。如此反覆多次，該隻犰狳終因排尿過度，引發脫水症狀及其他併發症而死亡。

由此可知，「狗彘不若」這句成語，不只對狗、豬充滿歧視，也突顯人們對牠們的不了解。在科學越來越進步、動物權利日益受到尊重的今日，重新檢視一些動物成語背後的真相，有其必要，也可還牠們一個公道！

【豚蹄穰田】

比喻想要用少許的東西求取大量的收益。

這則成語出自《史記．卷一二六．滑稽傳．淳于髡》：「今者臣從東方來，見道旁有禳田者，操一豚蹄，酒一盂，祝曰：『甌窶滿篝，汙邪滿車，五穀蕃熟，穰穰滿家。』臣見其所持者狹而所欲者奢，故笑之。」這是戰國時齊國弄臣淳于髡跟齊威王講的比喻，淳于髡以有人只拿著一隻豬蹄和一盂酒，在田邊祈禱，卻希望五穀豐收，半譏諷半建議齊威王別想用薄禮向趙國借重兵。當然，淳于髡的比喻奏效了，齊威王最後以厚禮借到重兵。用小東西，換取大回報，不論它的正當性如何，這種情形在現實生活中其實頗為普遍。

中國大陸至少在七千年前的新石器時代就知道飼養豬隻，主要是取食其肉。四千年前的埃及，豬除了食用外，也用在農耕。尼羅河每年定期氾濫，替下游帶來了肥沃的土壤，當春季的氾濫退水，河底裸露時，當地的住民便先以牛隻犁翻新土，然後放一些豬，讓豬嗅出土塊中殘留的植物莖、根，以及昆蟲、蚯蚓等小型動物並取食。在嗅聞、取食的過程中，豬會用鼻尖將大土塊打碎成適於播種的細小土塊。之後，再把羊放牧於已播種的農地，讓羊取食雜草，順便將種子壓進土壤。

由於豬常在泥濘中打滾，什麼都吃，古埃及人認為牠是最髒的動物，一般民眾被禁止取食豬肉，但另一方面，在祭拜豐收之神時，卻又以豬為牲禮，祭拜完後，只有參與祭典的禮官有權享食豬肉。

公元前一千三百年，當摩西帶領以色列百姓離開埃及，前往神所預備的流著奶和蜜之地——迦南（今巴勒斯坦）時，他禁止百姓帶豬隨行。理由或許是豬乃不潔的動物，正如《聖經·舊約·利未記》第十一章第七節所說的「豬、因為蹄分兩瓣、卻不倒嚼、就與你們不潔淨」。但我個人推測，不想讓豬隻拖累大批隊伍的前進，也是原因之一。因為駱駝、牛、羊等動物較有集體行動的習性，當需要迅速移動時，趕得動牠們，但豬卻缺乏這種特性。猶太教徒與伊斯蘭教徒不吃豬肉的習俗，也是源自上述經文的教導，看來豬的不潔，反倒為自己留了一些活路。

第二篇

鳥類

【一石二鳥】

比喻做一件事能獲得兩種效果。

【相似詞】一箭雙雕、一舉兩得。

這則成語應來自於英諺的"Kill two birds with one stone."。它第一次出現在一六一一年科特格雷夫（R. Cotgrave）的《英法詞典》（*Dictionary of the French and English Tongues*）中。一六五六年，英國古典自然法學家霍布斯（Thomas Hobbes）曾引用此句，從此這個比喻為人所習用。據說早在二千年前，古羅馬的大詩人奧維德（Ovid）就曾作過類似的比喻。

用一塊石頭就能打下兩隻鳥，技術的確高超，但這中間運氣的成分是否居多？

有意思的是，中國也有一則和「一石二鳥」近似的成語——「一箭雙雕」。《北史·卷二十二·長孫道生列傳》中提到，善於射箭的長孫晟只用一支箭，就把兩隻雕給射了下來。雕是鷹形目猛禽，生性兇猛，視力極佳，長孫晟趁兩隻雕在爭肉時，射出這名傳千古的一箭，若在其他場合，他能有如此令人驚嘆的神來一箭嗎？除非使用散彈鎗，要想一箭射兩鳥，談何容易！除了精準的技巧，還要看射的是何種鳥、射的時機和運氣。

鳥類由於種類很多，呈現各式各樣的集合性。一般來說，老鷹屬於獨行俠型，雖然有些鷹類遷移時會成群飛翔，但停在樹上時，大都各自保持一段距離。燕子、椋鳥、斑鳩之類，則是集合性較明顯的鳥，因此有時我們可以看到一群椋鳥、斑鳩在地上覓食，或者看到牠們在電線上整齊地排成一列，但彼此之間仍然保持一點距離，即略為扭轉身體時，自己的嘴喙不會碰到鄰鳥的距離。若有一隻無理地插進來，被插入的鳥一定會移出一些空間，與對方保持距離，甚至飛往別處，另外尋找適當的地方。顯然牠們喜歡成群而居，卻又不喜歡身體貼身體地緊靠在一起。

然而山雀、十姊妹就不同了，在動物園或寵物店的鳥籠裡，常可見到牠們彼此挨著身體排列，有時還像猴子般彼此互相整毛似地，以嘴喙互相整羽，舉止之親密，令人印象深刻。根據鳥類學者的研究，燕子、斑鳩的集居為「間隔型」，山雀、十姊妹之類的則叫「嗜觸型」，那麼，我們人類到底屬於間隔型或嗜觸型呢？

由於所處的環境、文化和生活背景不同，我們的舉止明顯要比鳥類複雜許多。

西方人排隊等候進場、購物或結賬時，一般都習慣與前面的人保持一定的距離，若是間隔太少，前面的人往往會回頭一望；搭車時也一樣，人若多到身體會互相碰觸，他（她）們就乾脆等下一班車。如此看來，西方人似乎屬於間隔型，但在機場、車站等處，也常可看到他（她）們抱在一起，甚至親吻的嗜觸型行為。東方人排隊時，前後的間隔通常較小，上車時也一樣，甚至還有人大呼小叫地喊著「大家擠一下嘛」；但在公共場所，卻甚少看到擁抱在一起的親密舉動。所以，人是最複雜的動物！

【倦鳥知返】

比喻人長久在外奔波流浪，心生倦意，想要回家。又作「倦鳥知還」。

這則成語讓人聯想到候鳥的遷移，例如雁鴨類的冬來夏去、燕子的冬去夏歸。牠們為何知道遠走高飛的時機，知道何時該飛回來？在此就以燕子為例略加說明。候鳥之所以遷移，當然跟氣候和食物有關。燕子是蟲食性的鳥，不得不以昆蟲發生的時期為育雛期。在北半球的溫帶地區，夏季晝長夜短，燕子有較長的白天可以覓食、哺育幼雛，所面臨的害敵及競爭者也比熱帶地區少；但是到了冬季，氣候轉趨嚴寒，食物短缺，逼使牠們不得不遷移到較溫暖的地區越冬。其實燕子的食物——昆蟲也面臨遷移的問題，大多數的昆蟲以植物葉片為主食，其中營養價值較高且易消化的嫩葉尤其獲得青睞，幼蟲必須取食嫩葉才能順利發育，因此母蟲得四處移動、尋尋覓覓，費心將卵產在適合幼蟲發育的植物上。

至於不能自己移動的植物，則另有一套適應環境變化的對策。在又冷又乾旱的季節伸展細軟的嫩葉，絕非上策，因為在這種氣候，嫩葉容易乾枯且易受到凍害，不如以緊密的硬芽過冬，等到氣候溫暖、穩定時再萌芽。但萌芽的時機也不能太晚或錯失，否則會被先發育的植物遮住，影響它將已吸收的營養轉化為體內物質的工作。因此，以植物嫩葉為食的昆蟲幼蟲，多半都配合植物的萌芽期發育。跟植物在同一場所過冬的昆蟲，由於受到相同氣候的影響，配合植物生長而發育的問題較易解決，但遠離養雛地、在南方過冬的燕子就不容易克服上述問題。因為雛鳥得趕在牠取食的昆蟲幼蟲大發生之前，完成孵化才行，如此推算回去，雄鳥、雌鳥若想完成尋偶、交尾、築巢及孵卵的工作，至少要在二十天前就飛達育雛地，這還不包括為了遷移所進行的長達數天的長距離飛翔。

燕子是如何知道幾千公里以外的情況，而決定離開越冬地的日期？牠如何能在植物未萌芽、昆蟲幼蟲未孵化前，預知這種現象而準備遷移？原來牠們靠的是「太陽月曆」，利用日出日沒（日照長短）的時間來做判斷，當然氣候條件及風向、風速大小，多少也會影響遷移的時間。以北半球來說，冬至時夜晚最長，此後夜晚逐漸變短；至春分，白天與夜晚時間各佔十二個小時；在夏至，夜晚時間最短；到了秋分，白天與夜間又各佔十二個小時，然後夜晚逐漸變長，直到冬至；如此周而復始。從多種動物的試驗中，已知牠們僅可以感受到十五分鐘的夜晚時間差異。燕子雖然在熱帶地域越冬，但冬至過後，當夜晚時間縮短到某特定時數時，牠們便開始往育雛地起飛。

由於日照長短的時間變化是很規律的，因此候鳥的遷移也多半很固定，有些候鳥甚至每年幾乎都在同一季節的同一月、同一日飛到同一地點。一般來說，猛禽類在晴朗的日子遷移，利用白天的熱氣流盤旋升空，既快又省力，讓能量的耗損降到最低；小型的燕雀類則多選擇在夜間出動，以避開白天出現的害敵。

那麼候鳥是用什麼方法在茫茫無邊的天空裡，找到正確的遷移方向？顯然牠們具有「定向導航」的本能。多年來科學家們相繼提出多種解釋鳥類定向機制的理論，主要的理論如下：

一、**訓練和記憶：**候鳥具有天生的方向感，某些鳥的亞成鳥第一次遷移時，即使沒有親鳥帶領，仍可順利到達越冬地。一些幼鳥則是在跟隨親鳥遷徙的過程中，不斷加強對遷徙路線的記憶。

二、**視覺定向：**部分候鳥以居留地和遷徙路線沿途的地形景觀（如山脈、海岸、河流、森林等）為標記，跟著老鳥學習辨認傳統的遷徙路線。雖然陸地特徵對於在夜晚遷徙的候鳥較不重要，但仍有一些鳥種根據陸標確定位置和調整飛行方向。

三、**天體導航**：候鳥利用太陽和星辰的位置定向。星辰對在夜晚遷徙的鳥類尤其重要。

四、**磁定向**：候鳥利用對地球磁場的感應進行定向。

此外，風向、嗅覺等也可能在候鳥的定向導航上扮演一定的角色。關於候鳥的遷徙行為和定向機制，其實還有許多有趣的謎團待解。

附帶一提，有一則和「倦鳥知返」喻意頗為相近的成語——倦鳥歸巢，其實大部分的鳥，只有在繁殖季節才有巢；沒有巢的鳥，晚上是棲息在較隱密、不受干擾的樹林或樹叢中。而鳥類離巢覓食及歸巢安歇的時刻，大致有以下的原則：一、早起型的鳥種較勤快，愈晚歸巢休息。二、日行性的鳥種離巢時的光照度，比傍晚歸巢時的光照度低；夜行性的鳥種，傍晚離巢時的光照度比歸巢時大。三、雄鳥比雌鳥早起晚歸。四、鳥類早晨離巢的時間較為一致，但歸巢時間較不固定。五、鳥類早晨離巢時間一定，不受光照、季節、緯度差異的影響，但歸巢時間容易受到上述因子的影響。六、鳥類早晨離巢時的光照度愈低，起飛後的分散範圍就愈小。

【鳥盡弓藏】

飛鳥射盡之後，就收起弓箭不用。原比喻天下平定便遺棄功臣，後用來比喻事成之後，把曾經出過力的人一腳踢開或除滅。又作「飛鳥盡，良弓藏」。

【相似詞】兔死狗烹、過河拆橋。

【相反詞】崇功報德、感恩圖報。

這則成語的典故見於《淮南子．說林》：「狡兔得而獵犬烹，高鳥盡而強弩藏。」但以《史記．卷四十一．越王句踐世家》：「范蠡遂去，自齊遺大夫種書曰：『蜚鳥盡，良弓藏；狡兔死，走狗烹。越王為人長頸鳥喙，可與共患難，不可與共樂。子何不去？』種見書，稱病不朝。」最為人所熟知。魏文帝曹丕的《煌煌京洛行》也有如下一句：「淮陰五刑，鳥盡弓藏。保身全名，獨有子房。」大功告成，出力之人已無利用價值，不僅沒有得到應有的獎賞，反而遭忌，受到疏遠或排斥，想來實在令人無限感慨。

另一方面，這則成語也使我想起「鳥葬」。這種原始的葬俗仍見於以拜火教徒、西藏人為主的少數族群。由於執行鳥葬的地方是最神聖的地方，加之鳥葬不留形體遺跡，不得考證，所以始終給人高度的神祕感。但在《梁書》、《南齊書》、《太平御覽》等漢語史料裡，都有關於鳥葬的記載。《南史》卷七十八的〈海南諸國傳〉，更直指死者有四葬：「水葬則投之江流，火葬則焚為灰燼，土葬則瘞埋之，鳥葬則棄之中野。」

我曾在某個電視節目中看到鳥葬的部分場景。執行鳥葬的人把遺體送到山上祭拜後，供禿鷹啄食。為了方便禿鷹啄食，也為了鳥葬能順利進行，得先切開屍體，等禿鷹啄食完後，再把骨頭移到別處埋葬。但上流階級的鳥葬是，將死者的骨頭用石頭或大槌打碎後，和肉混摻在一起，徹底讓禿鷹吃掉，即使吃剩的骨頭也不移走，讓它在此風化。當執行鳥葬的人一出現，原先在高空盤旋的禿鷹就一窩蜂地俯衝而下，耐心地棲息在岩石上，等候屍體被肢解，那種詭異的冷靜令人顫慄。

西藏人稱鳥葬為「天葬」，傳說禿鷹可以把死者的靈魂帶到天上。其實鳥葬在西藏盛行，與其地理環境和氣候息息相關。西藏大部分地區岩石堅硬，難以挖成墓穴，加上柴薪取得不易且昂貴，水葬又會污染寶貴的河川，因此利用禿鷹食性的鳥葬，很容易就成為大部分西藏人的最佳選擇了，只有高僧或經濟能力佳的人才採行花費高的火葬。而禿鷹也因為在鳥葬中稱職地扮演主角，而被西藏人稱為聖鳥，受到禁獵的保護。

鳥類由於外形嬌巧和動作靈活，常被視為美麗、快樂、活潑、可愛、幸福等的象徵，但禿鷹卻是個例外，牠不僅外形不討好，且具有啄食屍肉的食性，讓人們望而生懼生厭。因此，在不少童話故事或傳說中，禿鷹常以邪惡的化身出現，作為魔法師或女巫的跟班。其實若沒有禿鷹之類的屍體處理者，地球不知道會變成什麼模樣。因此，我對禿鷹、鬣狗等屍食性動物受到人們的惡意醜化，深表同情。不必談遙遠非洲的原野，看看近在台灣的森林、草原，我們看得到鳥影、聽得到鳥聲，卻很少看到牠們的屍體，這都歸功於麗蠅、肉蠅、閻魔蟲、埋葬蟲等多種屍體分解者的行動。

雖然禿鷹對地球的清潔有如此正面的效果，但我很難忘記一幅美國普立茲獎得獎照片，那畫面是一隻禿鷹從後方一步一步靠近一位瀕臨餓死的少女。那一幕讓人強烈感受到生命的脆弱。看了這張照片後，我一直掛念著那位少女，不知道攝影者拍完照後有沒有去救她？

無論如何，鳥盡弓藏以後，會引起什麼相關的連鎖反應？沒了獵物的獵狗該如何處理？這是得慎重考慮的問題。

【鳥語花香】

鳥兒歌唱，花朵吐露芬芳。形容景色的美好。又作「花香鳥語」。

【相似詞】桃紅柳綠、鶯啼燕語。

這則成語所形容的怡然景象，正是春天最好的寫照。到了春天，一些植物為何便會開花，許多小鳥也開始鳴叫？

春天的來臨代表溫暖季節的來到，雖然初春時期，氣溫的上升並不穩定，天氣時暖時冷，不過日照時間的變化是一定的，例如北半球晝長夜短。各地緯度雖有不同，但至六月下旬的夏至為止，每天都依一定的時間拉長白天的時數。受到這種日照時間改變的刺激，在土中越冬的種子或枝條上的冬芽，開始萌葉，沒多久就形成花蕾而開花，並利用此後的盛春及夏天的高溫期結果，形成種子。

越冬中的昆蟲也一樣，受到日照時間改變的刺激，開始活動，尋偶、交尾、產卵。有些昆蟲還在這段期間，趁著吸花蜜的機會，替一些植物媒介花粉；而從卵孵化的昆蟲幼蟲，則猛吃此時已繁茂的植物葉片，甚至取食果實。當然，以昆蟲為食的鳥類也不會錯過這個大好機會；大多數的鳥類都在春天產卵，如此親鳥可帶回更多的昆蟲，使雛鳥的發育更為順利。

過了夏至後，日照時間漸漸縮短，當縮短到某個程度時，動、植物察覺秋意已深、冬天將至，便停止發育，準備越冬，而一些植物也在此時開始落葉。對沒有日曆及月曆的動、植物來說，日照時間的變化是牠（它）們調整生活規律最重要的依據。例如現在仍生活於東南亞森林地區的家雞祖先——野雞，牠們在食物資源最富饒的春天產卵、育雛。人類馴養野雞為家雞已經四千年了，但家雞並未失去春天產卵的習性。因此，養雞場通常二十四小時開燈，利用長時間的照明，讓雞覺得現在是白晝較長的春天，以刺激牠們在其他季節也能繼續產卵。

「鳥語花香」的春天，雖然是多種動、植物生長發育的重要時期，但從另一個角度來看，也是牠們被取食機率最高的季節。在此就以蜂鳥（humming bird）的吸蜜行為為例，略為介紹鳥與花的關係。種類多達三百多種的蜂鳥，以體型嬌小聞名，最小者體重僅一．六～一．八公克，比一隻胡蜂還要輕，卵只有〇．二公克。令人印象深刻的是，牠不斷地搏翅飛翔，以空中滯飛的姿勢將口器插入一朵花，吸完蜜後，又飛到另一朵花上，忙來忙去地，很少停下來休息，一秒鐘的搏翅數多達五十五～七十五次。為什麼牠要「趕場式」地從一朵花飛到另一朵花吸蜜呢？

原來蜂鳥吸蜜除了填飽肚子外，還負有替花朵傳播花粉的任務。從植物的角度來說，花蜜就是它付給蜂鳥媒介花粉的酬勞。若一朵花分泌大量的花蜜得以讓蜂鳥吃飽，那蜂鳥就不會飛到另一朵花，所以植物故意只分泌一點點花蜜，讓蜂鳥吃不飽，繼續尋找另一個吸蜜目標。而就蜂鳥本身而言，牠身體小，消化管容量有限，大約每十五秒飛到一朵花上吸蜜，才能維持牠的體力，所以牠不得不把握時間快速地搏翅飛翔。「鳥語花香」的背後，其實隱藏著花朵延續後代生機的用心，及蜂鳥為了覓食維持體力的辛勞。

【插翅難飛】

長了翅膀也飛不走。比喻難以脫身。又作「插翅難逃」。

【相似詞】死路一條。

唐代詩人韓愈《寄崔二十六立之》的詩中有一句：「安有巢中𪃎，插翅飛天陲。」「插翅難飛」這則形容陷入困境的成語，很可能就是從這裡發想的。

大多數的鳥以翅膀飛翔，靠著它們逃出險惡的環境。若鳥不幸傷了翅膀，那會是很慘烈的「插翅難飛」場面！因此，有則關於鳥翅膀受傷的成語「鎩羽而歸」，就被用來比喻人失意或受挫而回的光景。其實在自然界裡，有一些真正「插翅難飛」的鳥類，例如企鵝、駝鳥、食火鳥等，牠們有著中看而不中用的翅膀。在這類不會飛的鳥中，較為特殊的是紐西蘭的特產，也是國鳥的奇異鳥（kiwi）。

奇異鳥嘴長而尖，體型類似家雞，但羽毛如髮而較像獸毛，雌鳥重約三．三公斤，雄鳥重約二．五公斤，是兩萬多種的鳥類中，唯一鼻孔在嘴喙末端的。因此，夜行性的牠，視力雖然退化，卻能以嗅覺靈敏地尋找土裡的蚯蚓、昆蟲等，以此為食。奇異鳥雌鳥通常產一、二粒卵，由雄鳥抱卵，雌鳥則負責在附近守衛，卵經過約二個半月孵化。雄鳥的抱卵行為，讓紐西蘭人心有所感，因此在紐西蘭，溫柔體貼又顧家的男人也被稱作kiwi husband。

其實奇異鳥更特殊的是牠的卵超大型。有種棕色奇異鳥，體重僅三．三公斤，產下的卵長徑竟達十三．五公分、短徑約八公分、重約二．二公斤，相當於母鳥體重的三分之二！這雖是特例，但一般的奇異鳥卵，仍有約十二公分的長徑、八公分的短徑，相當於母鳥體重的百分之十五～二十。身懷如此大型的卵，讓母鳥飽嘗艱辛，因此產卵前牠常站在水中，藉著水的浮力來減輕體重的負擔。或許因為這樣，產後牠有不抱卵的特權？在「倚裝鵠候」單元（見344頁）中介紹的大趾鳥，也以產大型卵而有名，但跟奇異鳥比起來，還是略遜一籌。

比較鳥的體型與卵的大小即知，大鳥通常產大型卵，小鳥產小型卵。以較為專業的說法來解釋就是，利用「迴歸分析」的統計法，整理歸納出「鳥的體重與卵的大小（長徑x短徑）呈明顯的正相關直線關係」。例如在十七世紀滅絕的世界最小型鳥——古巴矮蜂鳥，體重二公克，卵的長徑不到一公分；曾分布於馬達加斯加的巨駝鳥

（*Epiornis sp.*），從化石推測，牠應有三公尺的身高及四百公斤的體重，所產的卵長徑達三十四公分、短徑達二十四公分。但仍有一些水鳥產的卵，比自己的體重略為大型，這些鳥的雛鳥屬於離巢性，就像小雞孵化時已具羽毛、眼睛也張開，羽毛一乾就可以走動，離巢自立。大多數的鳥都屬於留巢性，其中包括我們常見的麻雀、燕子等，剛孵出的雛鳥全身光禿，需要親鳥餵飼照顧一段時期。

奇異鳥雛鳥屬於典型的離巢性，然而為何能產下這麼離譜的巨卵？已知卵愈大，含有的營養愈多，相對地孵化時間也愈長。奇異鳥的孵化期達八十天之久，這表示卵中有能讓胚胎維持八十天的營養。利用前述迴歸分析的直線關係逆算，產二・二公斤重卵的鳥，應有近十三公斤的體重才對。根據鳥類進化專家的解釋，過去紐西蘭存在著多種巨大的走禽類恐鳥，其中最大型者身高近四公尺，牠們大多在草原上活動覓食。體重僅十餘公斤的奇異鳥祖先，為了避免與巨型的恐鳥競爭，索性進入森林發展，發展出夜行性。牠們將體型矮化，以便在林床覓食，但卵型仍維持原有的模樣。不過這仍然無法解開「卵型為何不跟體型同時矮化」的謎題。

奇異鳥的英文名字kiwi，來自紐西蘭原住民毛利人（Maori）對這種鳥的稱呼，毛利人根據牠尖銳的kee-wee叫聲，將牠取名為kiwi，中文取其音及怪形直譯為「奇異鳥」，牠的另一個中文名字是「鷸鴕」。

【愛惜羽毛】

比喻自重，愛惜自己的聲譽。

鳥類之所以能飛翔，羽毛居功甚偉：羽毛輕而強韌，具有耐水性，可以減少體熱的散失；羽毛之間蓄積了大量空氣，搏翅時容易產生昇揚力。此外，全身被蓋羽毛後，呈流線型，亦能提高飛翔效率。因此，羽毛成為分類學上鳥類最大的特徵。鳥類當然要「愛惜羽毛」！其實除了羽毛，鳥類還有一些利於飛翔的身體構造。

翻開動物圖鑑的哺乳類動物部分，可以發現哺乳類動物的種類、樣貌多元，有大象、長頸鹿、獅子、老鼠這種四隻腳的，有體型像魚的鯨、河豚，也有如海獺、海豹、海獅之類的，更有像鳥類一樣會飛翔的蝙蝠等。雖然目前所知的哺乳類動物僅約四千種，但體型確實呈現多元的形貌。就體重而言，最重的是藍鯨，重約一百五十公噸，最輕的是微尖鼠，重不到二公克，兩者相差高達一億倍。

再翻閱鳥類的部分。已知的鳥類約有九千種，是哺乳類的兩倍以上，但牠們的體型卻不像哺乳類那般富有變化，不管長短、粗細，都有一對腳，且極大多數的鳥都具有一對翅膀，有嘴喙，體軀呈圓型至橢圓型。由於以飛翔為前提而演化，牠們因而才有以上的共通特徵。就能夠飛翔的鳥類來看，體重最重的是天鵝的十五公斤，最輕的是蜂鳥的二．五公克，兩者的差異僅約六千倍。差異為何如此小？主要原因當然是為了飛翔——為了能飛且飛得有效率，在體型和重量上必須有所限制。看看鳥類中不能飛翔的駝鳥，體重達一百二十五公斤，是天鵝的八倍，就知道飛翔效率與能量的利用二者關係密切。

鳥類的身軀幾乎是朝著如何才能以最少的能量飛翔而演化。一架巨無霸噴射機（波音七四七）裝滿燃料時的總重量為三百五十二公噸，飛翔一萬一千一百公里橫越太平洋後，總重量為二百五十五公噸，用掉九十七公噸的燃料，相當於總重量的百分之二十七。根據鳥類生態專家的計算，候鳥能以體重百分之二十七的脂肪蓄積量，連續飛行九百五十公里的距離，不管這樣的數據是不是巧合，最新科技整合創造的結果，與候鳥演化的結果相同，實在讓人嘖嘖稱奇。

如前所述，為了飛翔，鳥類不得不減輕體重，因此頭骨必須很輕，而且放棄較大的牙齒，改變嘴喙的形狀，以適應各種食物的啄食。鳥類演化出有含氣性且中空的骨頭，並讓相當於引擎功能的胸部飛翔肌大為發達，且集中於胸骨附近，以利於飛翔。鳥類的呼吸系統也改造成讓空氣如單行道般向肺臟流動，如此一次呼吸，就能交換肺臟中所有的空氣。在消化系統方面，自從放棄牙齒後，鳥類改以砂囊磨碎食物，並以超短的腸管不斷地消化管內未利用的食物。此外，鳥類也改變牠們的產卵習性，產下未成熟的早產卵，如此一來，產卵後要經過抱卵加溫的程序，才能使卵成熟孵化。

看來為了飛翔，鳥類下了不少工夫，何止羽毛需要愛惜，全身上下都要保全，才能在激烈的生存競爭中立於不敗之地。

【籠中之鳥】

比喻失去自由。又作「籠中鳥」、「籠中窮鳥」。

這則成語出自《四部叢刊本．鶡冠子．卷十二．世兵》：「一目之羅，不可以得雀，籠中之鳥，空窺不出。」提到「籠中之鳥」，我們想到的多半是家中飼養在鳥籠裡的鳴禽，或動物園裡的各種鳥，其實自然界也有一些「籠中之鳥」，例如分布在熱帶的犀鳥雌鳥。

犀鳥最明顯的特徵就是具有巨大的嘴喙，因此又被稱為巨嘴鳥。其實犀鳥之名，也和巨嘴有關，牠那巨嘴上的大型突起，猶如犀牛的角。雖然至今已知四十多種犀鳥，但除非在動物園裡，我們看到牠們的機會不多。根據博物學者華萊士（Alfred Wallace）在其名著《熱帶的自然》（*Tropical Nature*）中有關犀鳥的觀察，犀鳥分布在南非、南美及東南亞，由於體型大、形狀特異，容易引起旅行於此地的人的注意，尤其分布在南美的巨嘴鳥，嘴喙巨大而鮮豔，胸部羽毛的顏色更是變化多端，可說是犀鳥中最美麗的一種，牠們以果實為主食，也取食其他鳥類的蛋或雛鳥；睡覺時將尾羽緊貼在背部，看來搖搖欲墜，很不自然。

犀鳥為何具有巨嘴？以發表「貝茲氏擬態」而著名的英國博物學家貝茲（H. Bates,1825～1892）認為，這是因為犀鳥體重相當重，沒有如此大的巨嘴，無法吃到細枝末端的果實。但這種巨嘴是否只是為了覓食才演化出來的？我抱持懷疑的態度。如果犀鳥是因為身體漸漸長大，需要更多的食物，而改變嘴喙，那麼把嘴喙拉長，弄成細長型即可，為何要變成又長又大的巨嘴呢？

分布在東南亞的犀鳥雖然不像南美的巨嘴鳥那麼美麗，但是牠體長達一公尺，以嘴上的瘤狀突起及向上翹的角而有名。由於身體笨重，起飛時牠必須猛力打空氣，發出火車頭排出蒸氣的聲音，聲音之大，在一、二公里外都還聽得到。雖然牠也以果實為主食，但從牠短小的腳來看，牠的行動應該比南美的巨嘴鳥還要遲鈍。

犀鳥與啄木鳥有近緣關係，產卵、育雛時，也像啄木鳥利用巨樹樹幹的洞穴為巢，產下二至四粒白色的卵，由雌鳥負責抱卵，雄鳥則負責將整個洞口以泥土塗塞，只留下餵食用的小口。如此一來，雌鳥變成宛如「籠中之鳥」的「洞中之鳥」！此後雌鳥專心抱卵，大約經過二十天，雛鳥孵化，再經過六、七個星期母鳥的餵飼，雛鳥長成成鳥，便與母鳥一起破洞而出。有意思的是，洞內很乾淨，絲毫不見牠們的排泄物。原來雌鳥很勤快，會隨時清理出污物，趁雄鳥飛回巢洞提供食物時，從洞口把污物交給雄鳥帶走。在一次調查中發現，犀鳥的巢中竟有八種四百三十八隻處理排泄物、垃圾的腐食性昆蟲。不過當雛鳥離巢獨立後，這些昆蟲如何生活？是否另外去找有雛鳥棲居的樹洞？由於巨嘴鳥在深林築巢，目前未見相關的研究資料。

犀鳥雌鳥雖是失去自由的洞中之鳥，但這種禁錮是短暫的，恢復自由之身的日子，指日可待，比起那些在大籠或小籠看人臉色的鳥兒，可是幸福多了。

【泰山壓卵】

比喻強弱懸殊，穩操勝算。

【相似詞】獅子搏兔。

【相反詞】螳臂當車、以卵擊石。

這則成語出自《後漢書．卷四十二．廣陵思王荊傳》：「若歸并二國之眾，可聚百萬，君王為之主，鼓行無前，功易於太山破雞子，輕於四馬載鴻毛，此湯、武兵也。」亦見於《晉書．卷七十一．孫惠傳》。用巨大的泰山，來壓渺小脆弱的雞蛋，這種比喻夠誇張，勝負可想而知。

其實不只雞蛋脆弱，大多數鳥類的卵殼都很脆弱，稍微用力碰壓，殼就破了。現存最大型的鳥是駝鳥，牠產的蛋長徑十六公分、短徑十二公分；而卵胎生的鯨鯊，蛋的長徑、短徑各為六十八公分、四十公分。十九世紀還分布於馬達加斯加的巨鳥——象鳥，蛋為橢圓形，至少有三十三公分的長徑與二十三公分的短徑。至於我們最熟悉的雞蛋，大小雖依品種而異，但大致上長徑為五．七公分、短徑四．二公分，表面積為六十八平方公分，長徑部圓周為十五．七公分、短徑部圓周十三．五公分，重約五十八公克。

蛋是動物界中，由一個細胞所形成的最大型細胞。從成分的角度來看，雞蛋是在約五十公撮、以碳酸鈣為主成分的容器（蛋殼）中，放入由蛋白質、醣類、核酸、無機鹽、脂肪等溶液組成的蛋黃和蛋白。該容器重約五公克，由能滲透空氣、水蒸氣的多孔性（約含七千五百個氣孔）薄殼所構成，含有至少〇．三公克可回收利用的鈣質，在擲落試驗中可以忍受四百公克的衝擊。雖然雞蛋的成分和構造看來並不複雜，但目前我們還不能合成這種物體。

雞蛋的形成要從雌雞的卵巢講起。卵巢裡有上萬個未發育卵泡，但一般來說，只有少數卵泡（約二、三百個）達到成熟而排卵。卵黃就是成熟的卵泡，從卵巢排出後，沿途吸收營養，進入輸卵管後，刺激輸卵管壁分泌大量的蛋白質將它包裹，並被附一層卵殼膜，最後在相當於人體子宮的部位，形成蛋殼。從卵黃的形成至蛋殼的形成，約需三十個小時。在形成蛋殼的階段，藉由酵素的作用，高濃度的鈣質透過蛋白質膜排出，使蛋的外側變硬，這個過程長達約二十多個小時。從蛋殼跟螃蟹、蝦子等的外骨骼成分相似來推測，蛋殼的構成機制，或許和螃蟹、蝦子等脫皮前形成新外骨骼的機制相當類似。

鳥類、爬蟲類的蛋殼各有不同的軟硬度。蛇和蜥蜴的蛋殼，所含的鈣質柔軟而未凝固；海龜的蛋殼，部分鈣質雖已結晶化，但仍保持柔軟性。鱷魚、鳥類的蛋殼則較硬，成分以碳酸鈣為主。鳥類、爬蟲類的蛋殼如果太硬、不容易破掉，那麼幼鳥、小鱷魚在孵化時，會遭遇到嚴重的困難。因此，蛋殼必須能在幼雛孵化前，維持一定的強度，並在特定時期變得容易打破。如果我們能夠開發出類似蛋殼的容器，將它應用在藥品、化學品、食物等有期限要求的物品包裝，這樣消費者不必查看標籤上的日期，一摸包裝，就知道該物品是否過期，不必擔心不肖廠商塗改日期。當然這僅是我個人的夢想。

蛋殼雖然薄而易碎、彈指可破，但數百年前手巧心細的藝匠發展出巧奪天工的蛋雕藝術。從小巧的壁虎蛋、鵪鶉蛋，到中型的雞蛋、鴨蛋、火雞蛋、鵝蛋，到更大型的孔雀蛋、鴕鳥蛋，都是他們發揮巧思的素材，利用浮雕、透雕、鏤空、留膜、彩繪等技巧，創作出各種題材的精緻圖像。用於蛋雕的蛋，表面要平滑，形狀必須端正。以雞蛋為例，蛋殼顏色不宜太白，越白表示所含的石灰質越多、鈣質越少，質地較鬆脆，不耐雕刻；而蛋殼在強光照射下，若完全沒有白點，表示厚薄度均勻，適合雕刻。

要創作出精緻的蛋雕是門大學問，但這種學問與鳥類的產卵工夫相比較，還是小巫見大巫——我們雖然可以輕易壓破一顆蛋，卻還無法完全解開蛋中的奧祕。

【鳥之將死，其鳴也哀】

以鳥臨死前的悲鳴，比喻人死亡前所說的話，是良善而有價值的。

這則諺語出自《論語．泰伯》：「曾子有疾，孟敬子問之。曾子言曰：『鳥之將死，其鳴也哀；人之將死，其言也善。』」就鳥來說，這話只對了一半。

到過果園的人應該知道，不少果實，尤其看來碩大且成熟的果實，常受到鳥類的啄害。不少果食性鳥變成害鳥，逼得果農不得不絞盡腦汁來防治牠們。其中鎗殺是最直接的辦法，但鎗枝的持有受到法律的限制，且鎗殺牴觸動物保育法，難以執行。將整個果園用防鳥網罩起來，雖是最徹底的方法，但工程太大，不容易做到。時而製造爆炸聲響、升起眼狀紋氣球的嚇阻法，雖然短期可奏效，但由於鳥類學習能力強，沒過多久牠們就知道那些裝置不過是紙老虎。

在多種嚇阻方法中，有一種是先捉一隻鳥來「刑求」，讓牠發出苦悶、垂死的叫聲（distress call），把聲音錄下來，在果園裡斷斷續續地播放，利用哀淒的鳴聲警告其他鳥，此處危險不可侵犯。不過此法的效果也相當有限，因為機靈的鳥兒不久即可識別真正的鳥聲和錄音的鳥聲，何況在果園各處設置播音器，所費不少，且會造成噪音公害，因此現在已經很少用這種「哀兵策略」了。

其實鳥類在苦難中發出的聲音，不一定都是警告同伴不要靠近的善良之聲，有些鳥發出的是求救信號。過去法律未禁止以地網捕鳥時，捉來一隻鳥，把牠的腳綁在地網，此時牠會發出求救的鳴叫，同伴們聽到聲音，為了救牠，都降落到地網上，結果全成了捕鳥人的網中物。

在日本一些農村及大都市裡，烏鴉是令人頭痛的害鳥。根據東京的調查，光是市中心，就有近一萬隻烏鴉棲息，牠們不只成為市中心那些稀有的小鳥的天敵，有時還會偷襲路人，在晾曬的衣服上拉屎，在水管或屋頂上啄破防水布引起漏水等，罪狀不勝枚舉。為了防治日益擴大的「鴉害」，相關單位開發了一些方法，其中之一就是利用誘騙的手法。烏鴉的勁敵為貓頭鷹，因此得先準備一隻貓頭鷹的剝製標本，放在地上，並在周圍置放幾隻烏鴉作為誘標（decoy），同時播放烏鴉的叫聲，做出烏鴉正在圍攻貓頭鷹的場景。聽到同伴叫聲的烏鴉會集合到這裡「助陣」，此時再以鎗射死。看到同伴被殺死，烏鴉們不甘罷休，激動地加強攻勢，並用叫聲誘來更多隻烏鴉，結果不僅自己沒能獲救，往往也讓同伴陷於死地。

【門可羅雀】

門前冷清，空曠到可以張網捕雀。形容做官的人失勢後賓客變少。後來泛指來客稀少、門庭冷清的景況。又作「門可張羅」、「羅雀門庭」。

【相反詞】門庭若市、戶限為穿、車馬盈門、往來如織、賓客如雲、賓客盈門。

這則成語出自《史記．卷一二〇．汲鄭列傳》：「始翟公為廷尉，賓客闐門；及廢，門外可設雀羅。」講到翟公位居高官時，受到眾人敬畏，上門巴結的人川流不息；失勢後，賓客不見了，飽嘗人情冷漠、世態炎涼。其實「門可羅雀」不一定不好，正好可以安靜地沉澱自己，看清一些事情。

從另一個角度來看，「羅網」也有它的好處。在《滎陽縣志》中有如下之一段：「厄井在縣東北二十五公里，漢高祖與楚戰敗，遁匿此井，鳩鳴其上，蜘蛛網其口，追者至以為無人遂去。漢高祖因得脫。今井旁有高帝廟。井在神座下，俗呼蜘蛛井。」以後漢朝每年正月一日，都要放生兩隻鳩鳥以紀念此事。雖然談歷史不能使用「如果」一詞，但……如果當時蜘蛛不來羅網，劉邦是生是死？說不定就沒有後來的漢朝了，中國的歷史將全部改寫。看來此處的羅網是好的。

門前羅網何以捉得到麻雀呢？或者換個問法：為何房屋附近有麻雀活動？這跟麻雀的食性和棲性有關。麻雀是雜食性的鳥，人們生活的地方就有牠愛吃的穀物，而且數量豐富，牠當然不會放過。此外，麻雀很能適應人為的環境，隨遇而安，人們住家的屋簷、牆隙、橫樑，甚至冷氣機通風口、路燈燈罩，都是牠築巢的好地方。人類建蓋房子是最近數千年的事，麻雀、燕子等鳴禽類出現在地球則有三、四千萬年的歷史了，人類沒蓋房子以前，麻雀在什麼地方築巢？

出人意料地，麻雀常利用一些鷲鷹類的巢，尤其是鳶的巢。鳶常在大樹上築大型的巢，築巢時牠先在巢的底部鋪一層粗樹枝，再一層一層堆砌上去，愈上面用愈細的枝條，最上層由於是鳶產卵、育雛的場所，用的枝條最細。麻雀就利用鳶巢下層部分粗枝條交錯而成的空隙，帶進一些乾草、細桿等築造自己的巢。由於鳶等猛禽類的孵卵及育雛期，比其他鳥類長些，因此牠的巢建得相當堅固，對麻雀來說是很好的築巢場所。不但如此，平常喜好偷襲麻雀蛋和雛鳥的天敵，如蛇、會爬樹的鼠類等，由於畏懼猛禽類，不敢接近麻雀的巢，麻雀就這樣在猛禽的庇護下安然度日、繁殖。

其實麻雀的雛鳥也是猛禽的食物之一，猛禽若想吃自己巢邊的美味，就得拆了自己的巢，再重新築巢；如此工程太大，代價太高，不如捨近求遠，反正麻雀的築巢對巢主沒有什麼害處，於是麻雀與鳶之間多了一種片利共生的關係。

那麼，羅網捕雀後，該如何處理麻雀？是否當寵物飼養？麻雀雖是常見且容易與人接觸的一種鳥，但把牠關在籠子裡，牠往往拒絕取食，只想往外飛。除非從雛鳥期就以人工餵飼，否則麻雀是很難適應狹小的鳥籠的。過去在營養條件較差的地區，捉野鳥來打牙祭的事時有所聞，在一些人眼中，烤麻雀、炸麻雀更是美味可口的小吃，不過現在法律已禁止捕捉野鳥，麻雀不再堂而皇之地出現在小吃攤了。

【掩目捕雀】

遮住眼睛捉麻雀。比喻自己欺騙自己。

【相似詞】掩耳盜鈴。

這則成語出自《三國志．魏書．陳琳傳》：「諺有掩目捕雀。夫微物且不可欺以得志，況國之大事，其可以詐主乎？」掩目者看不到雀，當然捕不到雀，只是自欺而已，但雀卻看得到掩目者。雖說是自欺，其實根本騙不了自己！比喻歸比喻，這種情況在現實生活中應該不會發生。

這則成語使我想起青蛙、守宮（壁虎）吞下昆蟲時的表情，明明剛吃下一隻昆蟲，卻一副若無其事的樣子，表情沒有絲毫變化。守宮曾是我們居家牆壁上、路燈附近常見的爬蟲類動物，但由於周遭環境的改變，牠在都市裡日漸少見，但在鄉下還是常可以看到。牠的體表覆蓋了一層顆粒狀的細小鱗片，看起來軟滑，初次見到牠的人可能需要一點勇氣才敢摸牠。其實要摸到牠並不容易，因為牠反應很快，往往手才伸出去，牠就聞風而逃了，有時為求脫困，還會自己把尾巴部分切斷。若拿放大鏡觀察一下牠的眼睛，就知道牠捕食獵物為何像是在「掩目捕雀」了。

守宮有一對略為突出的大眼睛，且下眼瞼有透明、膜狀的鱗片蓋住整個眼球，由於帶著這樣一副「護眼鏡」，牠不像蜥蜴會眨眼，但牠常常伸出舌頭舔舐眼睛，以保持清潔。雖然大多數的守宮屬於夜行性，但仍有一些在白天活動的守宮，牠們多棲息在森林裡，我們少有機會碰到牠們，在動物園看到這類守宮時，不妨仔細觀察牠的眼睛。你會發現晝行性守宮的瞳孔是圓形的，夜行性守宮的瞳孔則呈縱長型，和貓的瞳孔一樣，遇到光線時會變得更細長。

守宮最大的特徵是能在直立的牆壁上來去自如，在如玻璃般光滑的平面上爬行無阻，關鍵就在牠的腳底。原來牠的趾端有名為「趾下板」的特殊構造，趾端腹面橫列著十多個或更多的趾下板，每個趾下板上布滿約〇．一公釐的微小突起。例如體型最大的大守宮（*Gekko gecko*）一隻腳上，就有多達二十五萬個微小突起；突起末端又有分枝，分枝末端呈杯狀但中央凹陷。守宮就是利用這些特殊的構造，與牠落腳的壁面形成緊密的附合。當然守宮在光滑的玻璃板上，仍必須伸縮趾端、剝開趾下板，才能移動，不過由於牠動作迅速，讓我們絲毫看不出來，只覺得牠行走無阻，一溜煙就不見了。

前面提到的大守宮並不分布於台灣，牠體長約四十公分，主要分布在東南亞，英文名tokay和學名*Gekko gecko*，來自牠特殊的叫聲。牠常出現在東南亞的房子裡，但除非很大的豪宅，通常一家只有一隻或一對，是領域性極強的守宮。在東南亞，小孩出生時，若聽到大守宮的叫聲，表示這個小孩命好福大，若新屋落成後有大守宮進入定居，也被認為是吉兆。生活在非洲西南部砂丘的鳥聲守宮（*Ptenopus garrulus*），則具群集性，每到傍晚牠們便以類似鈴蟋的鳴叫聲，開始大合唱。其實在多達六千七百多種的爬蟲類中，除了細吻鱷的雄性、響尾蛇及守宮類外，多數都幾乎不出聲。因此，守宮的鳴叫在爬蟲類是很特殊的一種行為。

雖然守宮並不是那麼起眼的動物，但部分種類性情溫和、飼養容易，顏色、花紋多采多姿，成為近年來頗受歡迎的寵物。值得注意的是，在目前已知約五百多種守宮中，有部分種類含有毒性，例如分布在中美洲的蕪尾守宮（*Thecadactylus rapicauda*）、澳洲的石礫守宮（*Diplodactylus vittatus*）等，尤其後者的毒性具致命性，故有石蝮（Stone adder）的別名。

【南蠻鴃舌】

譏笑南蠻的語言像伯勞鳥在啼叫。後用來形容跟自己不同的語音。

這則成語出自《孟子．滕文公上》：「今也，南蠻鴃舌之人，非先王之道。」孟子譏諷楚人許行說話像伯勞的叫聲，粗啞難聽。

其實孟子聽不慣的是許行的論調，而非異言，否則他如何和許行辯論呢？所謂的「異言」，指的是跟自己不同的語言，廣義來說，方言、地方腔音、外國語言都可以稱為異言。就台灣的情形來說，有閩南語、客語、原住民語、中國各省方言等，單是閩南語也因地域之別而有漳州腔、泉州腔等等。其實語言重在溝通，何來高低之分，「南蠻鴃舌」的說法，多少隱含著文化上的偏見及本位主義。

看看動物界的方言，形態之豐富多元，更甚於人類。除了鳴叫外，還有其他形式的「語言」。例如，螢火蟲利用發光的方式來傳訊、尋偶，雖是同一種螢火蟲，依棲息地域之不同，而有不同的光譜，就像人類的方言那般多元。更絕的是螞蟻的「南蠻鴃舌」。由於螞蟻多築巢在黑暗的樹洞、地下，視覺不管用，又無發出聲音的功能，牠們竟聰明地用體臭物質作為聯絡彼此的工具。由於同巢的螞蟻分泌同一種的體臭物質，附在體表，牠們得以用觸角觸摸對方的身體，看看對方的體臭是否與自己的相同，以此判定是否為同巢的成員。體臭物質不僅因螞蟻種類而異，也因蟻巢而異，不同蟻巢有不同的氣味。因此，蟻巢裡的螞蟻，一發現「異臭」，會立刻將這「臭味不相投」的「異議分子」，趕出蟻巢。

同樣地，生活在不同地區的同一種鳥類，也會有不大相同的鳴聲，以下就以日本東京的麻雀為例，來看看鳥的「方言」。五十年前第二次世界大戰末期的東京，曾受到盟軍猛烈的轟炸，棲息於東京市區的麻雀因為環境的大變化，一批一批地遷入近郊的農村地區，當然農村裡早就有不少麻雀棲息了。一些從東京疏散到農村的愛鳥人士很快就注意到，東京來的麻雀和當地的麻雀叫聲不同。本來麻雀的叫聲是「吱、吱、晉、晉、晉」，東京的麻雀也許習慣都市內的雜音，叫聲較有變化且較饒舌，在「吱、吱、晉、晉」後還加個「嘰、俊」的尾音。

通常遷入者會受到原住者的同化，因此，東京麻雀的叫聲應該逐漸像農村麻雀才對，但有意思的是，農村麻雀的雌雀似乎覺得東京麻雀的叫聲比較悅耳，紛紛和東京麻雀的雄雀交配，農村麻雀的雄雀們為了贏得雌雀的芳心，叫聲竟然逐漸東京化。雖然相關的報告如此總結：「農村麻雀的雄雀慢慢學會東京麻雀的叫法」，但事實是否如此，實在很難說。叫聲跟東京麻雀一樣的雄雀，說不定是東京麻雀雄雀與農村麻雀雌雀所生的後代；而且東京腔的麻雀是否一直繁衍於農村，或者擴大分布於周邊的農村地區等，諸如此類的後續報告並未出現。

雖然麻雀叫聲的變化，看似微不足道，只有關心麻雀生態的人才會去注意，但從這裡可以看出，外來動物的入侵常對本地自然生態系帶來意想不到的衝擊。近年來，在寵物店裡經常可以看到一些從國外進口的小型動物，把牠們當寵物飼養當然是很好的一種休閒娛樂，但牠們的體型較小，飼主稍不小心就容易讓牠們溜走，加上依動物學「身體愈小者，繁殖得愈快」的原則，牠們若快速地繁殖，勢必壓迫到本地原生物種族群的生活空間與資源，使其數量降低、甚至滅絕，這是值得我們重視的問題。

【五雀六燕】

本是一道以燕、雀計算重量的問題。用來比喻事物輕重相等。

【相似詞】半斤八兩。

這則成語出自《九章算術．方程》：「今有五雀六燕，集稱之衡，雀俱重，燕俱輕，一雀一燕交而處，衡適平。」麻雀與燕子在鳥類中算是體型較小的，由於牠們很能適應人類聚落或開墾地附近的環境，因此一直就是人們很常見到的兩種鳥，也因為常見，在人看來就沒那麼有價值了。

隨著環境的都市化，不少動物在人工設施為主體的環境中消失，但仍有一些動物憑藉著強韌的生命力，在都市中討生活，例如褐鼠、烏鴉、麻雀、燕子、班鳩等，牠們利用人們生活中產生的殘餘物質作為食物或築巢材料，在建築物裡棲息、築巢、繁殖，在東京甚至出現以衣架為建材的烏鴉巢！這點和蟑螂、家蠅、家蚊等我們所謂的

家屋害蟲一樣，雖然與人類同居，但不像家畜、家禽受到人們的控制。當然，這些動物不一定都生活在都市裡，在農村、鄉下等人群聚居之地，也可以看到牠們的身影，牠們借用農宅的角落築巢，取食農作物或捕食農田裡的害蟲。當周遭的自然環境受到破壞時，牠們不一定被動地遷走，有一些動物是主動遷移到都市，因為都市化環境更適合牠們生存。

一般來說，生活在都市化環境的鳥類有以下的共同習性：適應力強、食物範圍較廣、繁殖力較大，智力較高。也因為這樣，牠們比較容易適應各種生活條件、耐旱性強，且具有群居性，比較不怕人類，當我們和牠們接近到相當近的距離時，牠才飛走。

在我們的印象裡，燕子是冬去夏來、至少夏天常見、冬天少見的候鳥，但近年來在都市中心地區，冬天看到燕子的機會似乎有增加的趨勢，主要原因就在都市的「熱島效應」（heat island effect），即都市中心地區的氣溫，比四周郊區的高。這種現象不僅提供適合燕子棲息的溫暖條件，也促進一些昆蟲的繁衍，為燕子預備了豐富的食物，讓牠逐漸失去候鳥的特性。

燕子生活圈裡的強力競爭者就是麻雀，為了避免與麻雀競爭，燕子故意選在人多的地方築巢。例如日本東京的燕子，常在車站、銀行、百貨公司等人來人往的出入口築巢，這些場所都是麻雀怯於活動的地方；有些燕子甚至還掌握了自動門的操作機制，先在自動門感應器附近滯飛，等門一開，再進入築在裡面的巢。有些燕子則在麻雀不敢進入的屋子裡築巢，放心地育雛。相較之下，麻雀保守安分得多，大多只是利用屋簷或通風口來築巢。

不知道公元一、二世紀的古人是不是早已觀察到燕子與麻雀在生存上的競爭，而拿燕、雀作為比較的單位？

【月落烏啼】

形容天色將亮的景象。

這則成語出自唐代詩人張繼的名詩〈楓橋夜泊〉：「月落烏啼霜滿天，江楓漁火對愁眠，姑蘇城外寒山寺，夜半鐘聲到客船。」

烏鴉是晨出夜歸，即白天活動的鳥，因此在白天啼鳴是很正常的事，在清晨或黃昏回巢時，牠也會發出陣陣的啼叫。從詩中「霜滿天」一句來看，詩人所描述的場景應在日出之前，因為夜間溫度最低時才會出現霜，而逐漸西落的月亮應是指滿月（圓月），此時是烏鴉準備離巢活動的時候，所以聽到牠的啼聲是很自然的。但從最後一句「夜半鐘聲到客船」來看，詩人所描寫的似乎不是接近日出的時刻，農曆七、八月間的月亮很早出來，但黎明就西落，據此推測，詩人應是半夜時聽到烏鴉的叫聲。

烏鴉在深夜也會叫？的確如此。據夜間的觀察紀錄，有些烏鴉不僅會在月夜叫，還會在巢窩附近飛翔，尤其一些不知何種原因半夜晚歸的烏鴉，在就巢之前會叫個幾聲，彷彿在跟附近築巢的同伴打招呼，一副很有禮貌的樣子。

其實烏鴉在夜間飛翔並非那麼稀奇的事。平常牠在日出前約四十分鐘、天還黑時就已離巢覓食。牠眼睛的功能極佳，不僅能在昏黑的環境中看到東西，識別顏色的能力也比我們人類好。我們認為彩虹由七種顏色組成，但根據一些試驗結果顯示，烏鴉很可能從彩虹中看到十四種顏色。研究人員已在烏鴉眼睛的網膜上，發現三種能夠識別顏色且數量頗多的錐狀細胞，從網膜將視覺訊息送到大腦的視神經細胞大約有三百六十萬個，此數據約為雞的一．三倍，再對照馬的視神經細胞四十四萬個，牛的三十五萬個、羊的八十五萬，就知道烏鴉的視覺功能如何高強了。

此外，牠的眼睛既能遠視，也能近視，而且視野極廣，可汎蓋左右各三百度以上、上下各約一百度的範圍；至於人的水平視野頂多為二百度，生活在大草原的牛、馬等草食性動物，也只有二百四十度。除了錐狀細胞外，網膜上還具備了對光線感受性甚高的大量桿狀細胞，就是靠著這種桿狀細胞，烏鴉在夜間還能飛翔。

研究也發現，烏鴉的智慧頗高。烏鴉體長約五十五公分、體重約五百五十公克，其中腦部佔十四公克，雖然只是人的腦部重量（一千二百五十～一千四百公克）的百分之一，但計算腦重與體重的比例，其實烏鴉和人大致相同；只是人類腦部的主要部分是大腦，由大約三十億個腦細胞組成，烏鴉及其他多數的鳥類則是小腦所佔的部分較大。多數鳥類以飛翔為主要運動方式，飛翔時體重的最大限度大約十七公斤，超過這樣的體重就不易起飛，所以大腦的重量受到限制。

根據鳥類學家的觀察，有的烏鴉會把帶有黏液的食物銜到水中清洗；有的懂得把貝類及堅果銜到石頭上，想法子敲碎外殼，啄取裡面的食物；許多寒帶的烏鴉甚至曉得儲存食物過冬。另外，曾有鳥類學家以鴿子、雞、鸚鵡和烏鴉四種鳥，做了許多實驗，結果也證明烏鴉的學習能力比其他三種鳥來得高強。

【信筆塗鴉】

隨手胡亂書寫或作畫。形容筆法拙劣，常用作自謙之詞。

這則成語出自唐代盧仝的〈示添丁書〉：「忽來案上翻墨汁，塗抹詩書如老鴉。」本來是指幼兒不懂事，拿起毛筆隨手在詩書上亂撇亂畫，弄得一片烏黑。

烏鴉是燕雀目（雀形目）鳥類中體型較大的種類，一般都是黑色，嘴、腳粗壯，嘴喙呈圓錐形，其貌不揚。但由於聲音粗啞和身體漆黑，牠在世界各地、各個文化裡都受到一定程度的注意。

在中國，烏鴉普遍被當作「不吉祥的鳥」，主要的原因還是在於牠的外形不討好、叫聲單調又聒噪，而且常在腐臭的東西附近盤旋，所以有「喜鵲報喜、烏鴉報凶」的說法。在《聊齋志異．卷十二．烏使》或《閱微草堂筆記》（卷七）等作品中，烏鴉都以不吉祥的角色出現，宋代李昉等人編的《太平廣記．卷三八四．河東記》中還寫到，有個終日不見太陽的「鴉鳴國」。

我們常用「烏鴉嘴」形容別人不會說話，其實明代的人早用「烏鴉嘴」來形容愛傳閒話或說話不中聽的人了，在天然痴叟撰的《石點頭．卷十三．唐玄宗恩賜纊衣緣》裡有以下生動的一句：「誰知是個烏鴉嘴，耐不住口，隨地去報新聞，頃刻就嚷遍了滿營。」雖然與烏鴉有關的成語，有不少是負面的，如「烏天黑地」、「烏合之眾」、「烏煙瘴氣」、「烏七八糟」、「黑眉烏嘴」等。不過，根據一些文獻記載，唐代以前，烏鴉同時也被視為吉祥之鳥而用來占卜，甚至曾有「烏鴉報喜，始有周興」的傳說，西漢時期「鴉卜」還頗為盛行呢。

在希臘神話裡，烏鴉是太陽神阿波羅的使者，有著一身潔白的羽毛。有一段時期，阿波羅愛上了名叫格露絲（Coronis）的少女，便叫烏鴉負責替他們送情書和禮物。由於阿波羅工作太忙，一時冷落了格露絲，芳心寂寞的格露絲便與名叫伊斯庫斯（Ischys）的年輕人開始來往，向來多嘴的烏鴉把此事添油加醋地告訴主人阿波羅，阿波羅一氣之下命人將格露絲射死，但是後來他又反悔了，埋怨烏鴉搬弄是非，把烏鴉的白羽毛變黑，要牠永遠為格露絲服喪。

在《聖經．舊約．創世紀》中挪亞方舟的故事裡，挪亞先派烏鴉出去探路——這是《聖經》中第一次出現的鳥名——但牠竟然沒回到方舟，後來挪亞才改派鴿子去。

關於烏鴉為何沒有飛回方舟，後人有兩種說法，一是牠去找太陽神阿波羅，一是牠被陸地上淹死的人和動物的屍體所吸引，忙著取食，忘了要回來，當然後者是比較符合烏鴉食性的說法。已知烏鴉有取食屍體、腐敗食物等廢棄物的習性，在自然界扮演著清道夫的重要角色。儘管《聖經．舊約．列王記上》第十七章記載，上帝吩咐烏鴉叼餅和肉，供養在約旦河東基立溪旁的先知以利亞，算是對烏鴉比較正面的描述，但烏鴉那種接觸污物的習性，在黝黑體色的襯托及強化下，還是給人留下怪誕陰森、不吉利的印象。因此，在西洋民間故事、童話中，巫女、鬼怪身旁常有烏鴉陪伴，烏鴉甚至當起「狗頭軍師」來。

烏鴉在日本則有吉鳥的歷史地位。根據日本神話的描述，二千六百多年前神武天皇東征時，被敵人圍困在和歌山縣熊野一帶的山林中，幸好遇到一隻長了三隻腳的烏鴉——八咫烏為他引路，讓他順利脫險。神武感念烏鴉的救命之恩，從此對烏鴉極其敬重。在日本的一些農村，有「如果虐待烏鴉，牠會銜著點火的蠟燭，燒你家的茅屋頂報復你」的迷信，以烏鴉的習性和智力，這種可能性不能說完全沒有。這幾年日本一些都市飽受「鴉滿為患」之苦，烏鴉翻垃圾、製造髒亂、咬斷光纖電纜、破壞通訊，甚至攻擊人！如此的「鴉害」，迫使日本政府相關單位不得不積極研擬防治之道。

在台灣，烏鴉是不祥之物的形象，根深柢固。關於烏鴉的叫聲有「一更報喜，二更報死」的說法，即在一更的時刻（晚上七至九點），產房附近若傳出烏鴉的叫聲，那表示生了男嬰；二更時（晚上九至十一點），若在病房附近聽到烏鴉叫，那表示該病人復原無望。台灣俗諺裡還有「烏仔歹嘴，心無歹」一句，講烏鴉嘴巴裡說不出什麼好話來，但心其實不壞；想想也對，若是心壞，怎麼會來通風報信呢？

【烏合之眾】

比喻暫時湊合，無組織、無紀律的一群人。又作「烏合之卒」。

【相似詞】一盤散沙。

這則成語出自《梁書．卷三十九．羊侃傳》：「景進不得前，退失巢窟，烏合之眾，自然瓦解。」是我們很常用的成語之一。

台灣平地甚少看到烏鴉，較難想像「烏合」的場面，但是在日本的東京、印度的孟買、斯里蘭卡的可倫坡等城市，常可見到一群群烏鴉，乍看牠們的確是毫無紀律地聚集、啄食、行動，但再仔細觀察會發現，牠們飛到啄食處，離開啄食處，甚至歸巢的行動，都是相當有紀律的。「烏合之眾」的說法，很可能又是出於我們對烏鴉的誤解與偏見。

許多研究都顯示，烏鴉在鳥類中屬於智慧高、學習能力強的一群。烏鴉的聰明度，也就是大腦在整個身體所佔的比率（腦化指數），雖比猴子、海豚的小，但在現有八千多種鳥類中，牠是屬於腦化指數最大的一群，甚至有人認為有些烏鴉有四歲幼童的智力，或與靈長目相當的智慧。但這是個體的情況，還是普遍存在的事實，仍有待更進一步的深入研究。

不管如何，觀察烏鴉的行為，會發現牠確實比其他鳥類及猴子、海豚之外的哺乳類動物高明不少。例如棲息於海邊的烏鴉要取食蛤蜊等貝類時，會先叼起蛤蜊起飛，再從高處將牠丟下，把硬殼撞破。若飛得太高，體力消耗太多，但飛得太低，又打不開殼，因此必須掌握適當的高度。此外，還必須在質地較硬的地面，如柏油路、水泥地掉下才有效率。當一隻烏鴉發現適當的地點和合宜的擲落高度時，其他烏鴉馬上起而模仿，用這個方法打破蛤蜊的硬殼。所以《伊索寓言》裡聰明的小烏鴉，叼石頭填滿裝著些許水的瓶子，而喝到水的故事，是極有可能發生的。

烏鴉是有名的雜食者，除了蛤蜊外，胡桃及其他的堅果類也是牠們愛吃的食物，為了打破這些堅果的殼，牠另有一招，即把堅果放在停車場車子的輪胎正前方或正後方，等車子輾過之後，再來享受果肉。當然牠們早已鎖定好哪一輛車子常出入，不是長期停留的。若是牠們真的是互相沒有連繫的「烏合之眾」，怎麼能有如此高度而迅速的學習能力？其實不只是學習能力，在多烏地域，有時我們還可以看見數隻烏鴉攻擊一隻流浪貓或小狗的場面。由此更知，牠們絕不是烏合之眾。

但只談烏鴉智力之高，似乎還不能證明牠們能夠團體行動。鳥類以鳴叫而有名，根據一些鳥類專家的調查，烏鴉的叫聲有三、四十種，大致可分成飛翔時的互相通訊，雛鳥向母鳥討食物的求餌聲，表示初步警戒的警告聲、表示緊急警戒的警告聲及威脅對方的恐嚇聲等五種，烏鴉就靠著如此複雜的叫聲，互相連絡。至於聽覺，烏鴉與其他鳥類一樣，為了減少飛翔時空氣的阻力，未具突出體外的耳朵（外耳），但抓開頭部羽毛，可以發現耳孔，耳孔裡有負責接受空氣振動（音波）的鼓膜。它比其他鳥類的鼓膜大且薄，能夠感受低音。

靈敏的頭腦，配上敏銳的視覺、聽覺，及奇妙的通訊機制，烏鴉具備了集體行動的條件，卻被人用來形容「烏合之眾」，烏鴉若有知，想必會有滿腹的牢騷。

【烏面鵠形】

面色黝黑如烏，形貌瘦削如鵠。形容人因長久飢餓而憔悴的樣子。又作「鵠面烏形」、「鵠面鳩形」、「鵠面鳥形」、「鳩形鵠面」。

這則成語出自《南史．賊臣傳．侯景》中的「時江南大飢，江揚彌甚，旱蝗相係，年穀不登，百姓流亡，死者塗地。其絕粒久者，烏面鵠形，俯伏床帷。」作者以動物來比擬人飢餓消瘦的模樣。在此不談消瘦的鵠形，來看看臉色不佳的烏面。

提起烏或烏鴉，自然會想到黑色，在動物界冠上「黑」字的動物不少，有黑熊、黑猩猩、黑天鵝、黑面琵鷺、黑鯛、黑鮪，黑鳳蝶、小黑瓢蟲等，名單可以列出一長串。在此要介紹的是，受到人類產業影響變成「烏面」的一種蛾——霜斑枝尺蠖（*Biston betularia*）。

這件事發生在工業革命時代的英國，時值一八四九年。當時一位愛好蝶蛾的人士在曼徹斯特郊外的森林裡採到一隻黑色的霜斑枝尺蠖，本來這種蛾像牠名字所顯示的，在灰白色的翅膀上散布著小黑點，停在長地衣的樹幹時因為有保護色而不易被發現；但這隻黑色的蛾目標很明顯。雖然在一八七五年時，黑化型霜斑枝尺蠖的隻數不多，不過十一年後的一八八六年，牠的棲息數明顯增加。一八五〇年至一八九〇年這四十年，是英國人口快速成長、家庭及工廠煤炭消耗量激增的時候，從煙囪冒出來的煤煙造成空氣污染，不僅影響人們的生活，也污染到樹幹上的地衣，使它變成黑灰色。霜斑枝尺蠖是否也因為受到污染，而變成黑色？

捉到第一隻黑色蛾的一八四九年，是空氣污染並不嚴重的時代，這只能表示當時已出現黑化型霜斑枝尺蠖；以後的調查陸續發現，在未受污染的農業區森林裡，也出現少數的黑化型。看來，黑化型很可能是從原來的灰色型突變的。至於在受到空氣污染的工業區森林裡，黑化型的比率卻一直增加，至一九五〇年代，竟佔了整個成蟲的百分之九十。為何發生這種現象？

為了解明這個問題，一位英國醫師拋棄本業投入這項挑戰。他先用誘蛾燈誘捕多隻他家附近出現的各種昆蟲，再把牠們放入種有數棵樹皮呈黑色與灰白色的樹的大型網室，並在樹皮上停著黑化型或灰白型的霜斑枝尺蠖成蟲，讓呈現保護色與非保護色的尺蠖成蟲維持相同的數量，然後在接近自然條件的環境下，放入小鳥，觀察小鳥對尺蠖蛾的捕食情形。經過四十分鐘的調查發現，停在黑色樹幹的黑化型，或停在白色樹幹的灰白型，因為帶有保護色，被啄食率僅百分之五十；但不具保護色的成蟲，被啄食率高達百分之九十以上。由此可知，黑化型的霜斑枝尺蠖在因工業污染而呈黑色的環境中，會藉由黑色的保護色來提高自身的生存率，至少在網室等的人造條件下有這樣的現象。

利用後續的野外標識釋放，調查黑化型及灰白型成蟲的再捕蟲數，可以發現無論是黑化型或灰白型，在牠們能夠發揮保護色效果的環境下，存活率都是非保護色型的兩倍。因為鳥類先啄食非保護色型，肚子填飽後，就不會去找保護色型的麻煩了。如此看來，保護色的利用雖然不是完善的自衛戰術，但因為有非保護色型的存在，保護色能夠發揮相當不錯的逃難效果。

「烏面鵲形」的「烏面」是外在因素所引起的，是營養不良的結果；霜斑枝尺蠖的「烏面」卻是突變而來的，這是一種「變裝的祝福」，讓牠能藉此適應受到污染的環境，提高存活率。這又是自然界奧妙詭異的一個例子！

【慈烏反哺】

烏鴉的雛鳥長大後，會銜食哺養母鳥。比喻子女報答父母的養育之恩。又作「慈烏返哺」。

跟烏鴉有關的成語幾乎都是負面的，但這則卻是對烏鴉讚揚有加。烏鴉真的會反哺嗎？雖然中國古書裡有這樣的記載，民間也流傳一些烏鴉孝親的感人故事，但事實恐非如此。俗話說的「羊有跪乳之恩，鴉有反哺之義」，其實都是古人穿鑿附會、以訛傳訛的結果。

早在周代就有烏鴉是孝鳥的說法，師曠撰的《禽經》有云：「慈烏反哺，白脰不祥。」白脰別名燕烏，分布在中國東北地區至西伯利亞東部，比我們最常見的巨嘴鴉小許多。東漢許慎的《說文解字》載道：「烏：孝鳥也。」西晉成公綏的〈烏賦序〉也提到烏鴉「以其反哺識養，故為吉鳥」。明代李時珍的《本草綱目》如此描述慈烏：「此烏初生，母哺六十日，長則反哺六十日，可謂慈孝矣。北人謂之寒鴉，冬月尤甚也。」

不過，使烏鴉成為千古傳誦的孝親典範的，當推唐代名詩人白居易的名詩〈慈烏夜啼〉，原文如下：「慈烏失其母，啞啞吐哀音，晝夜不飛去，經年守故林。夜夜夜半啼，聞者為沾襟，聲中如告訴，未盡反哺心。百鳥豈無母，爾獨哀怨深？應是母慈重，使爾悲不任。昔有吳起者，母歿喪不臨，嗟哉斯徒輩，其心不如禽！慈烏復慈烏，鳥中之曾參。」從動物學的角度來看，「慈烏反哺」的說法是有待商榷的，雖然鳥類間有相互餵食的現象，但到目前為止，並沒有觀察到「慈烏反哺」的行為。有人推測古人看到的「慈烏」很可能是杜鵑、郭公鳥等有托卵習性的母鳥，這類鳥會趁巢主母鳥不在時，偷偷將卵產在體型比牠小型的其他鳥巢裡。

郭公鳥產卵的速度很快，十秒鐘就能產下一粒卵，產完就飛走。由於郭公鳥的卵，比巢主母鳥的卵早一、二天孵化，雛鳥便趁巢主出外覓食時，將牠所產的卵或剛孵化的雛鳥推出巢外，好讓巢主母鳥能全心的照護自己。雛鳥不但發育得快，而且長得比巢主母鳥還要大型，因而出現小型成鳥餵養大型雛鳥的畫面，進而衍生出「飛不動的母鳥待在巢中，等著幼鳥帶回食物餵養」的所謂「慈烏反哺」的說法。

也有一說是，烏鴉最早叫「茲烏」，茲由兩個「玄」字組成，玄代表黑色，不知為何，後來大家漸漸少用茲來表示黑色，儒家在宣傳孝順觀念時，將「茲烏」寫成「慈烏」，日積月累，口耳相傳，漸漸衍生出所謂「反哺」的說法。

其實烏鴉是很有母愛的鳥類。母鳥通常產下二至四粒卵，雛鳥孵化後，在母鳥細心哺育下，大約二個月後自立。由於接近自立的幼鴉，體型已和母鳥差不多，致使有人將母鴉哺育幼鴉的情形誤認為是幼鴉在養母鴉。這種可能性也是存在的。

附帶一提，在動物界「傳宗接代」是遠比「孝親」更重要的任務。長大的後代會離開父母，獨立出去，從事尋偶、交尾、產卵或其他繁殖活動。不僅如此，有些母代為了讓後代順利進行繁殖任務，還會無私地將自己的身體送給後代當食物，「危如累卵」（見《蟲魚傳說動物篇》105頁）成語中介紹的蠼螋便是其中之一。棲息於歐州草原的迷斑草蛛（*Chiracanthium japonicum*）的母蛛，會以蛛絲製作球狀卵囊，並在卵囊外層做一些迷宮般的通道，防止害敵接近卵囊。母蛛產完卵後，便一直待在原處，直到死亡；孵化的幼蛛就靠著取食母蛛的屍體而順利發育。有意思的是，這種「反反哺」的「逆倫」行為並非迷斑草蛛所特有，在約四十種蜘蛛身上竟也觀察得到。

當然從文以載道的角度來看，「慈烏反哺」、「羊有跪乳之恩，鴉有反哺之義」都是文學性的表現，旨在提倡孝道人倫，不在伸揚科學知識，我們無需過度挑剔；何況古人的求知環境不如今人，偶爾出現一些天馬行空、借題發揮的臆測，是可以理解並體諒的。但在領會其精髓、實踐其精神的同時，還是應該了解這種說法並沒有科學根據，畢竟正確知識的累積和傳承，才是人類社會進步的動力！

【愛屋及烏】

因為愛一個人，也跟著愛護停在他房屋上的烏鴉。比喻愛一個人，也連帶關心跟他有關的一切。又作「屋上瞻烏」、「屋烏推愛」、「推愛屋烏」。

這則成語出自《尚書大傳．卷三．牧誓．大戰篇》：「愛人者，兼其屋上之烏。」烏鴉一般被認為是不吉祥的鳥，但因為愛這個人，看見停在他屋上的烏鴉也萌生好感，睹鴉思人，這種愛是人之常情，不難理解。不過，這則成語多多少少也反映出烏鴉受到歧視或貶抑的事實。

其實烏鴉也是益鳥，是自然界的清道夫，可以取食大量害蟲及腐敗的食物。在一些文化或地區，牠受到愛戴，甚至崇拜。

北歐神話中的戰神奧汀（Odin），雙肩上常停著兩隻烏鴉，一隻叫「烏金」（Hugin），另一隻叫穆寧（Munin），分別代表「思維」和「記憶」，牠們是奧汀的眼線，會將每日所見所聞一五一十地報告給主人，在牠們的襄助下，奧汀得以百戰百勝。這雖是神話，但對照近年來科學家對烏鴉智力的研究來看，遠古時代的人很可能已發現烏鴉的靈巧之處了！

英國著名的景點倫敦塔（Tower of London）也有餵飼烏鴉的傳統。相傳烏鴉是倫敦塔的守護鳥，如果守護倫敦塔的烏鴉離開了，倫敦塔及英國王室就會崩解。傳說雖是傳說，四百年來，英國王室抱著寧可信其有、不可信其無的態度，慎重地派專人飼養了六隻烏鴉及一些候補烏鴉，把牠們養得肥壯健康，成為倫敦塔最受人矚目的榮譽居民。

在義大利蘇比亞科（Subiaco）的聖本篤修道院自六世紀創立以來，便把烏鴉當寵物照顧。相傳修道院的創立者聖本篤（St. Benedict, 480–547）有一次差一點吃下被人下毒的麵包，正巧他慣常餵飼的一隻烏鴉飛來，叼走他手中的毒麵包。聖本篤相信烏鴉是神派來解救他的使者，也對烏鴉的善解人意很感動，從此修道院立下餵養烏鴉的內規。

在幅員遼闊的中國，也有一些類似神鴉的傳說。和希臘神話中太陽神阿波羅以烏鴉為使者相呼應的是，古人認為太陽上面有一隻三隻腳的金烏，成書於公元前五、六世紀的《春秋．元命苞》記載：「陽成於三，故日中有三足烏。」編於公元前二世紀的《淮南子》也提到：「日中有踆烏，月中有蟾蜍。」在已出土的馬王堆漢墓帛畫裡，就可以看到紅色的太陽裡面有一隻黑色的烏鴉。今天來看，古人所說的金烏，可能是日出或日落時出現的太陽黑子吧。

唐代詩人白居易、元稹的詩中出現過「大嘴烏」，這是一種粗吻鴉，依照當時的風俗，當大嘴喙的烏鴉停在院子的樹上時，是吉兆，該戶人家必定會漸趨富裕，而舉行祭典時，如元稹〈聽庾及之彈烏夜啼引〉詩中所說的必定「妝點烏盤邀女巫」，「烏盤」就是盛了肉供烏鴉食用的盤子。當時拜祀烏鴉的是名為「鴉娘」的專業女巫。

杜甫的〈過洞庭湖〉詩中有「護堤盤古木，迎櫂舞神鴉」一句，描述船接近岸邊時，停在樹上的群鴉起飛求食。由於烏鴉常聚集在神祠的屋頂上，當時的人就把牠們當作神的使者，丟肉片供牠們食用，不捕捉也不驅逐。這種風俗不只見於洞庭湖地區，也可以在其他一些地區看到，例如長江三峽地區的人都把神鴉稱為「迎船鴉」，相信牠能保佑行船者安然通過險灘。

此外，從五代詞人孫光憲所作〈竹枝詞〉中的「商女經過江欲暮，散拋殘食飼神鴉」、南宋詞人辛棄疾〈永遇樂·京口北固亭懷古〉中的「佛狸祠下，一片神鴉社鼓」、清初王士禎《池北偶談》中的「神女廟神鴉」、清末徐珂所輯《清稗類鈔》中的「鴉為神兵」等句，也可以瞥見烏鴉崇拜的民俗。

清代還有所謂的「索倫杆」，這是一根高約二．五至三公尺的木杆，頂部套著一只錫斗，是滿人祭天用的神杆。祭杆時，在錫斗裡放上碎米和切碎的豬內臟，供烏雀和烏鴉取食，如果三天之內，全被鴉雀吃光，表示大吉大利。為什麼要立杆餵烏鴉？傳說清太祖努爾哈赤在立業之初，為了逃避遼東總兵李成梁的追捕，曾躲在遼陽城北的一個草灘上，就在追兵步步逼近之際，突然飛來一群烏鴉，用翅膀將他蓋住，使他逃過一劫。為了感謝烏鴉的救命之恩，每逢年節努爾哈赤便在自家大院門口樹起長杆，餵飼烏鴉，後來滿人也延續先祖的這項傳統，以美味祭祀烏鴉，並對烏鴉極其敬重，訂定不准捕殺、取食的禁令。

此外，烏鴉也具有「反哺」的孝鳥形象，古人以小烏鴉長大後知恩圖報，會餵養衰老的父母，來勉勵人孝親。關於這點，已在「慈烏反哺」（見314頁）單元中詳細探討。

不論烏鴉的形象如何，帶給人的觀感如何，不可否認地，由於牠對環境及食物的適應性高，行動活潑，繁殖力強，不迴避人，又有高度智力，成為跟人類接觸頻繁的鳥類之一。

【鴉雀無聲】

形容非常寂靜。又作「鴉雀無聞」、「鴉雀不聞」、「鴉鵲無聲」、「鴉默雀靜」。

【相似詞】闃寂無聲、萬籟俱寂。

【相反詞】人聲鼎沸、搖旗吶喊、鴉飛鵲亂、鴉飛雀亂。

這則成語出自蘇東坡的〈絕句〉詩：「天風吹月入闌干，烏鵲無聲夜向闌。織女明星來枕上，乃知身不在人間。」的確，烏鴉和喜鵲之類都是活潑善啼、愛熱鬧的鳥，有牠們在，場面之嘈雜紛亂可想而知。

用「鴉雀無聲」來形容極其安靜的時刻，是非常恰當且傳神的。不過，除非是完全隔離外部聲音的人造環境，是不可能有「無聲」的地方。當我們覺得四周一片靜默、完全聽不到一點聲音時，其實只要注意聽，還是可以聽到微風搖動樹葉，或別人呼吸的聲音等。

我曾看過名為《沉默世界》的科學影片，描述深海裡生物的生活，事實上深海世界一點也不沉默，海底充滿各種聲音！在海裡，我們確實不容易聽到聲音，因為當我們潛水時，外耳部分充滿海水，使鼓膜不易把外界的振動傳到內耳，因此，水中的世界變成人們不易聽到聲音的世界。

其實，聲音在水中的傳導率，比在空氣中高好幾倍。在空氣中，一秒鐘的音速大約三百四十公尺；在水中則高達四倍多，約達一千五百公尺。而且，同樣的音量，在水中的傳達距離，約是在空氣中的一萬倍。因此，在水中生活的動物多以聲音交換牠們的訊息，說水中是聲音最多最喧騷的世界，一點也不過分。關於水中喧騷的程度，可以從下面的例子略為窺知。

第二次世界大戰初期，美國為了阻止德國及日本潛水艇橫越大西洋、太平洋，入侵美國東、西岸港口，在一九四〇年間，開發並設置了感音性機雷（mine）。這是種性能特殊的機雷，一感受到潛水艇螺旋的聲音就會爆炸，雖然它們曾數次引起大爆炸，但美軍並未找到德軍或日軍潛水艇的殘骸。後來經過調查才知道，機雷並沒有爆炸，爆炸的聲音來自一群為了產卵而游向港口的黃魚。

前面提過，聲音在水中的傳達速度是在空氣中的四倍以上，固體則是比液體更容易被壓縮的物體，雖然其壓縮度因材質而異，但一般而言，音波在固體一秒鐘可以三千至六千公尺的速度被傳達。由此可知，聲音在固體、液體中都有極佳的傳達效率，依據這種原理所開發的魚群探測機，及醫療用的各種超音波診斷器，對人類的生活產生了重大的影響。不過，電磁波與音波完全相反，電磁波是一種不必經過介質就可以傳達的波，如果透過空氣或水等介質，它的強度會隨傳輸距離而減衰，而且在液體中的減衰，遠比在氣體中嚴重。所以，我們不曾看見水中使用的雷達。相對地，在水中使用音波，可以偵測較遠的物體，並且不會有太大的信號損失。

根據曾進過消音試驗室的人描述，待在那種完全寂靜無聲的環境，感覺很怪異，待得久一點會精神錯亂。雖然大家都不喜歡嘈雜的地方，但研究顯示，「鴉雀無聲」的環境其實不利於身心，容易引起恐懼、煩躁的情緒，導致心律失常、食欲減退等症狀，影響神經系統的正常運作；適度且悅耳的聲音才合乎人的生理及心理需求。

【天下烏鴉一般黑】

比喻同類的人或事物都有相同的特性。又作「天下老鴰一般黑」。

這則成語拿烏鴉的黑作文章，貶低的意味不言可喻，與另一則成語「一丘之貉」有些接近。所有的烏鴉都一樣，都是黑色的？其實，凡事都有例外。天下的烏鴉當然不一定都是黑色的，只是大部分的烏鴉全身漆黑，連瞳孔也是黑的。清代段玉裁在《說文解字注》裡，就對「烏」這個字做了很有趣的闡釋：「烏字點睛，烏則不，以純黑故不見其睛也。」

一九八七年，在台灣中部武陵農場附近山區曾出現兩隻白烏鴉。牠們就是所謂的「白子」，因為遺傳基因突變，導致黑色素缺乏，而長出白色的羽毛，但眼睛部分因為有微血管而呈紅色。這種罕見的「白化」現象，也見於其他動物如大象、老虎、獅子、鹿等及一些爬蟲類、兩棲類、魚類及鳥類，其實任何種類的動物都有可能，但在人身上出現的機率較低。「白子」的抵抗力原比正常動物差，在野外又因為白色顯眼而更容易受到攻擊，所以存活率較低；但也因為希罕，而顯得寶貴，受到人們的珍愛。

有意思的是，在不同文化的一些神話或傳說故事裡，烏鴉原先都是白色的，因為犯下滔天大罪或一時的無心之過，受到懲罰而變成黑色。其中最著名的，要算是希臘神話裡太陽神阿波羅的烏鴉了（見305頁）。一身白色的牠因為多嘴、亂傳話而被主人變成象徵服喪的黑色。對白烏鴉的期待或想像，多少和人們對黑色所代表的「陰暗」、「死亡」、「冷酷」、「污濁」、「罪惡」等概念的畏懼和排斥有關。

神話歸神話，想像歸想像，在分類學上烏鴉是屬於燕雀目鴉科的一群鳥，目前已知的近九千種鳥類中，超過一半的種類屬於燕雀目，我們所講的鳴禽類就是屬於燕雀目。鴉科在鳥類中被認為是最進化的，種類約有一百種，由於牠們學習能力強、對環境的適應力強，分布範圍極廣泛，除紐西蘭及南極大陸外，從寒帶的荒原到熱帶的雨林，從海邊到高山地區，都有牠們的蹤影；因此牠們的體型、體色變化多端。體型大是鴉科在燕雀目中的一大特色，巨鴉（*Corvus corax*）自嘴端至尾端長六十三公分，是燕雀目中的巨無霸，我們較熟悉的巨嘴鴉（*Corvus macrorhynchos*）、細嘴鴉（*Corvus corone*）則各為五十六公分與五十公分，相較於麻雀、椋鳥的十六公分、二十五公分體長，即知烏鴉是大型的鳥。同樣披著一身黑羽毛，卻不是一般黑；巨嘴鴉有著紫色或綠色的光澤，細嘴鴉則帶著紫色光澤。

屬於鴉科的鳥類不止於烏鴉，星鴉、叢鴉、喜鵲、樹鵲也是鴉科的成員，其中紅嘴藍鵲（*Urocissa erythrorhyncha*）是藍背、白腹、紅嘴；灰喜鵲（*Cyanopica cyana*）為褐背灰腹，但翅羽、尾羽帶藍色，頭部為黑色；廣泛分布於歐亞大陸的歐亞星鴉（*Nucifraga caryocatactes*），全身褐色，散布著星星般的白色斑點，北美星鴉（*Nucifraga columbiana*）除翅膀、尾羽、嘴喙外，其他部位是白色的。然而也有如紅嘴山鴉（*Pyrrhocorax pyrrhocorax*）、黃嘴山鴉（*Pyrrhocorax graculus*）等，全身黑色，嘴喙各為鮮豔的紅色或黃色者，其中黃嘴山鴉分布在喜瑪拉雅山脈海拔八千五百公尺處，是棲息在最高處的鳥種。主要分布在中國大陸東部及南部的玉頸鴉（*Corvus torquatus*）則是金門常見的留鳥，全身烏黑，頸部有一環白毛。

所以，嚴格地講，天下的烏鴉不是一般黑的，烏鴉的黑，隨著種類的不同，各有不同的層次和色澤，更不用說有白烏鴉了。

【鸚鵡學舌】

鸚鵡學人說話。比喻人云亦云，沒有主見，只是搬嘴弄舌。

這則成語出自《景德傳燈錄．卷二十八．越州大珠慧海和尚》：「如鸚鵡只學人言，不得人意。」的確，鸚鵡、八哥等少數鳥類會學人講話，只要經過一段訓練，我們講什麼，牠就跟著講相同的話，甚至適時講出得體的話。

鸚鵡原不分布於中國中原地區，但自漢代起，中國與華南、中東半島的交易開始後，鸚鵡以進貢物的名義出現於漢廷。成書於西漢的《禮記》如此描述鸚鵡：「能言，不離飛鳥」（見〈曲禮上〉）。鸚鵡由於能模仿人語，歷代以來都是備受寵愛的籠中鳥，關於牠的詩文不計其數。中國歷史上最出名的鸚鵡，莫過於受到唐玄宗及楊貴妃寵愛的「雪衣女」了。這隻白鸚鵡不只擅長學人說話、會朗誦詩文，還善解人意，每每玄宗和貴妃或諸王下棋，玄宗居於下風時，雪衣女就被叫來攪局。後來雪衣女不幸被老鷹啄死，玄宗與貴妃非常傷心，將牠葬在御苑中，立塚紀念，取名為「鸚鵡塚」。

在西方，大約兩千年前的羅馬帝國時代，鸚鵡已是很得寵的鳥類，也是權貴的象徵，甚至被用來交換奴隸。十五世紀末，隨著新大陸的發現，許多珍禽異獸引進歐洲，歐洲的王公貴族、上流社會人士開始流行飼養鸚鵡。英國國王亨利八世就有一隻很會說話的非洲灰鸚鵡。

為什麼鸚鵡、八哥之類的鳥能模仿人講話？根據動物解剖學者的研究，牠們的大腦構造並沒有比其他鳥類特別，但牠的發聲器——鳴管比較發達和完善，舌頭較厚，前端細長呈月形，宛如人舌，轉動靈活，能發出一些簡單、準確、清晰的音節。不過在現有的三百多種鸚鵡中，並非每一種都會學人講話，通常體型較大的鸚鵡，模仿、記憶的能力較強，經過專業訓練後，甚至可以做出點頭、鞠躬、騎單輪車等動作。

鸚鵡中最會講話的，是非洲灰鸚鵡，牠的屬名*Psittacus*，來自拉丁文的psittacus，亦即希臘文的psittakos，由psitta或sitta組成，其實這拼音來自牧童趕牛、趕羊時發出的si si聲，希臘字母的Ψ（ps）即表示這種漏氣的聲音，而後出現表示「呼吸」的psycho，「噪音」的psyphos等，甚至衍生出「謊言」、「假冒」的psythos。由此可知，防仿冒運動以鸚鵡為標幟，是有它深刻的意義的。

過去大多數的科學家都認為，「鸚鵡學舌」是屬於機械式的模仿。因為鳥類沒有發達的大腦皮層，鳴叫的中樞位於比較低級的紋狀體組織中，牠們沒有思想和意識，不能了解人類語言的含義並正確運用它。但一些長期研究鸚鵡的認知科學家確信，鸚鵡是有意識地使用人類的發音與人交流。例如美國布蘭迪斯大學（Brandeis University）的派博格（Irene Pepperberg），自一九七七年起，就訓練一隻名叫艾利克斯（Alex）的灰鸚鵡。透過近三十年的學習，艾利克斯已掌握豐富的辭彙，能辨認五十種物品、七種顏色、五種形狀、七種材質，識別數目的多少，還懂得幾個動詞，能將動詞與不同的物體組合起來！

看來，隨著科學研究的進步，我們對「鸚鵡學舌」這則成語將有更切合科學事實的理解。

【鳩佔鵲巢】

鳩自己不築巢，卻強佔鵲鳥的巢。比喻坐享其成。亦作「鳩奪鵲巢」、「鳩僭鵲巢」、「鳩居鵲巢」、「鵲巢鳩占」。

這則成語出自《詩經．召南．鵲巢》：「維鵲有巢，維鳩居之。」常被人用來形容不勞而獲的行徑，其實在鳥類的世界裡，這是幾乎不可能發生的事，或許是不可能發生才有這樣帶有譏評意味的成語？

雖然喜鵲與土鴿都是以叢林為活動場所的鳥類，但牠們築巢的方式完全不同。喜鵲通常偏好在巨枝的分叉處築巢，將苦心搜集來的多根枝條加以組合，做成一個有一、兩處出入口的塊狀大巢，長徑約有六十至一百公分，在此產卵育雛。既然花了不少工夫築巢，牠會一直使用舊巢，不讓其他鳥有竊佔的機會。相較之下，土鴿的巢就很簡陋，雖然還是築在枝條分叉處，但只用數條枝條隨便交叉，做個上空、盤狀的小巢，長徑約三十公分。由於盤狀巢的底空隙相當大，有時土鴿的卵還會從這裡掉下去摔破！因此《禽經》以「拙鳥」形容土鴿。鳩若佔鵲巢，宛如台諺說的「乞丐趕廟公」！或許部分土鴿有自知之明，知道自己築巢工夫太差，索性積極利用人造物為築巢場所，逐漸變成當家禽的鴿子。

無論如何，在上空的盤狀巢產卵的鴿子，穿進塊狀巢為家的可能性極少。何況喜鵲是屬於鴉科的鳥，鴉科在鳥類中以頭腦發達且兇悍聞名，人類的多種防鴉方法都被牠們一一識破或化解。雖然鴿子的智慧不低，並常用作傳遞音訊的信鴿，但這不過是利用牠們歸巢的本能。動物專家已做過不少比較鴿子與烏鴉聰明程度的試驗，結果顯示烏鴉的確比鴿子聰明，雖然目前似乎沒有以喜鵲為測定對象的試驗，但專家推測，喜鵲應該比鴿子聰明。此外，喜鵲體型較大較佔優勢，牠怎麼可能將辛苦建立的巢白白讓給土鴿使用呢？至於出現此句成語的原因，不外和古人科學知識不足、觀察失誤有關。喜鵲雖以喧噪著名，但卻深受古人青睞，被視為「報喜之鳥」，而有喜鵲的雅稱。「鳩佔鵲巢」的成語，多少反映出古人對喜鵲的偏愛，其實鳩鴿是被冤枉了。

不過，在野外倒是有「雀借鷹巢」的情形。本來麻雀是老鷹的獵物之一，但有些麻雀卻信奉「最危險的地方就是最安全的地方」的原則，大膽地在鷹巢下半部築巢產卵、育雛，仗著老鷹不會為了捕食牠而忍心摧毀自己的愛巢。果然老鷹對麻雀「視若無睹」，兩者和平共處，其他鳥類也因為畏懼老鷹而不敢進犯麻雀的巢。

【鵲笑鳩舞】

形容歌舞歡樂的樣子。多作為喜慶祝頌之詞。

【相反詞】鬼哭神號。

這則成語出自漢代焦延壽的《易林．卷六．噬嗑之離》：「鵲笑鳩舞，來遺我酒。」鳩舞的畫面不難想像，但鵲鳥真的會笑嗎？不少鵲鳥的叫聲，讓人覺得是噪音，和一般所謂的歡笑聲有段距離。

分布於澳洲、體長四十公分的笑翠鳥（laughing jackass、kookaburra），雖然有笑聲般的叫聲，但在人聽起來，像是嘲笑聲，並不是高興時所發出的笑聲。黃鶯等一些鳴禽類的叫聲，聽起來清脆悅耳，比較有歡樂的感覺。當然，我們的聽覺和感受，與鳥類鳴叫時的心情是兩回事，鳥類有牠們自己表現喜怒哀樂的方式。

「鵲笑鳩舞」的場景，讓我聯想到一些慶典中所施放的和平鴿。被視為和平象徵的鴿子，與人類的淵源極其深厚，根據《聖經．舊約．創世記》的記載，四十天的大雨過後，挪亞先後從所藏身的方舟派出烏鴉和鴿子，去看看地上的水退了沒，結果第二次派出去的鴿子嘴裡叼著一片新嫩的橄欖葉回來，傳來陸地已乾的好消息。或許是因為這個故事的關係，鴿子被賦予和平、純潔、團結、友善的形象，象徵著無窮的希望。

在古埃及時代，已有鴿子的飼養及食用，由於鴿子的售價比雞、鵝等家禽便宜，成為當時庶民日常的食物，尤其中東地區，食用鴿子的情形非常普遍。除了食用，鴿子也被用作祭祀，沒有能力以羊或山羊為牲禮的窮人，會購買兩隻鴿子代替，〈馬太福音〉第二十一章第十二節就記載：「耶穌進了神的殿，趕出殿裡一切作買賣的人、推倒兌換銀錢之人的桌子、和賣鴿子之人的凳子」。此外，鴿子的神聖象徵，也在〈馬太福音〉第三章第十六節及〈路加福音〉第三章第二十一至二十二節的經文中突顯出來：耶穌受洗時，有聖靈降臨祝福，形狀像鴿子。

真正把鴿子定位為和平的「代言人」，並獲得舉世認可的是畢卡索。一九四九年，畢卡索為在巴黎召開的世界和平大會，設計了鴿子銜著橄欖樹枝的海報，當時的智利名詩人聶魯達（Pablo Neruda,1904-1973）稱這隻鴿子為「和平鴿」，從此鴿子成為和平的代名詞。畢卡索之所以選定鴿子的圖案，是有典故的。一九四〇年的某一天，畢卡索正在法國巴黎的畫室作畫時，鄰居老人捧著一隻血淋淋的鴿子來看他，告訴他孫子遇害的事。老人的孫子酷愛養鴿，平時都用竹竿綁上白布條作為鴿子認路的標記。但自從父親在戰役中犧牲後，孩子決定換掉有投降象徵意義的白布條，改用紅布條。沒想到他被懷疑替敵人傳信號而受到激進軍人的凌虐，慘死在街頭，鴿籠裡的鴿子也全部遇害。老人激動地請求畢卡索為他畫一隻鴿子，來紀念他的孫子。於是畢卡索畫了一隻飛翔的鴿子，這就是「和平鴿」的雛形。

其實，鴿子並不像牠外表那樣溫馴，溫和、冷靜、氣質好者有之，但性情暴烈頑強、急躁好鬥者，也不在少數。鴿子的這種天性似乎也早為古人所看穿，古國亞述（Assyri）的好戰女王色密拉密斯（Semiramis）就被傳說是從鴿蛋生出的；蘇美人軍隊的軍旗上常有鴿子的圖案，代表勇者、勝利者。古巴比倫城有「鴿城」之稱，這和巴比倫神話中司管豐收與愛、以及戰爭的女神伊絲塔（Ishtar）身邊伴隨的愛鳥就是鴿子有關。在公園、寺廟、教堂等處的廣場，常可以看到一群鴿子漫步啄食，略為仔細觀察不難發現，其中似乎有幾隻大哥級的鴿子，牠們體型較大，鼓著身體，在鴿群中昂首闊步。

雖然我們常用「兩虎相鬥」來形容兩強相爭的激烈場面，實際上，獅、虎這類肉食性獸類，在鬥爭時似乎有一定的規則，贏者見好就收，不會將對方咬死。但在我們公認溫順的鴿子、兔子一開打，都是打到最後，拚個你死我活方才罷休。常言道，人不可貌相，其實動物也不可貌相。

【鷹瞵鶚視】

以貪婪兇狠的眼光窺伺目標，等待機會以進行掠奪。常用來指強敵或政治強權。

【近似詞】鷹視狼顧、虎視眈眈。

這則成語出自《宋書．卷七十四．沈攸之傳》：「莫不勇力動天，勁志駕日，接衝拔距，鷹瞵鶚視，顧盼則前後風生，暗嗚則左右電起……」

用老鷹、貓頭鷹等猛禽類捕捉獵物的銳利眼神，來形容人的貪婪和冷靜，是再傳神也不過的了。

仔細來看，鷹類的眼神的確讓人生懼：第一，牠們的眼睛比其他鳥類的大，且虹彩（虹膜）皆為黃色，讓眼睛看起來更加明顯。第二，兩隻眼睛很接近，直視前方，從正面看，就像在瞪人。第三，眼睛上面有可以遮絕陽光、作用像遮陽板或帽簷的長羽毛，叫梳膜（pecten），讓牠看起來像帽子戴得較深的軍警，十分威武。

鷹類的眼球比人類的眼球大很多，人眼的眼軸長約二十三公釐，鷹眼的眼軸長約三十五公釐。人的眼球約有二十萬個感光細胞，鷹類則高達一百五十萬個，同樣遠距的物體在鷹眼的視網膜呈現較大的影像。在感光方面，視網膜正中央有個感光細胞聚集最多的凹陷區域，稱為黃斑部，是決定視力好壞的主要構造。鷹眼的黃斑部比人眼的凹陷，使感光細胞較不易受到周圍雜亂光線的干擾。視網膜外圍的鞏膜呈黑色，可以減少入射光線再次散射，得到較佳的影像品質。不僅如此，它還演化出第二個黃斑部，一個位於正中央，一個位於外側，提升影像的解析力。鷹類能從一百五十公尺的高空，偵測到地面上體長十五公分的老鼠屍體，而俯衝直下。

包括猛禽在內的多種鳥類，看似能不斷地向左向右轉動眼球，其實嚴格地說，在動的並不是眼球，而是整個頭部。當我們看正前方時，左右兩眼總和的視界為一百八十度至二百度，就一隻眼睛來說，上方五十度，下方七十度，內側六十度，外側一百度。然而臉部較細長、且在左右側各具一隻眼睛的鳥類，左、右眼的視界維持不動，其中多數鳥類的眼睛略為從臉部突出，具有廣角鏡片的功能，因此牠們的視界能達到三百六十度，讓人覺得不管從什角度看牠，牠都一直瞪大眼睛盯著人看！不管鷹眼給人的感覺如何，根據鳥類生理學的研究，鷹類的視力比人類的視力好上七、八倍。

雖然我們的視界只有鳥類的一半，但我們的兩隻眼在同一個平面上，可以掌握立體的影像，亦即可正確地測定距離。就這一點來說，貓頭鷹跟我們很像，牠的雙眼也是位於臉的前方，而非兩側，所以具有很好的立體視覺，但可看到的範圍相對地變小。為了彌補這個缺點，貓頭鷹有個能轉動二百七十度的脖子，可以不時擺動頭部。

所以，我們覺得猛禽類眼光銳利，充滿威逼的效果，其實是滿有道理的。但我們不必羨慕牠們如此優異的視力，因為那是牠們千百萬年來因應環境變化所發展出來的。在地上活動的我們，平常並不需要那麼好的視力，對我們來說擁有立體視覺更重要，它讓我們在日常生活中能正確地行動，不會隨便碰觸到別人。

【梟雄之姿】

形容凶狡強悍、驍勇雄健的豪傑、魁首。

這則成語出自《後漢書．卷七十四上．袁紹傳》：「除忠害善，專為梟雄。」是袁紹聲討曹操的檄文中的用詞，形容曹操「豺狼野心，潛包禍謀」。

梟是貓頭鷹的古稱，自古以來牠的名聲就不太好，傳說牠是不孝鳥，會吃哺育牠的母鳥；用啼聲預告不祥的事將要發生；所以我們也以牠來形容違法亂紀、圖謀暴利的人，例如「私梟」、「毒梟」。

貓頭鷹之所以被「污名化」，或許和牠具有大大的眼睛、像貓的臉盤、陰森的叫聲，以及在夜間出沒的習性有關。其實，在世界其他地區，隨著文化背景及地理環境的不同，貓頭鷹的形象有正面，也有負面。例如，在高緯度地區生活的居民，像紐芬蘭或西伯利亞的人，因為有半年的時間在黑漆的環境中生活，對貓頭鷹很有好感，相信牠會帶來好運。

無論如何，想想貓頭鷹停棲在樹枝上悠然不動的模樣，還真有大將之風！有時牠也會略為傾斜頭部，探尋獵物的位置，彷彿在思考。因此，在西方，貓頭鷹普遍被視為智慧的象徵。希臘神話中，智慧女神雅典娜（即羅馬神話中的Minerva）的愛鳥，就是一隻貓頭鷹；而在許多西方的童話故事裡，貓頭鷹也常以智慧穩重的長者形象出現。貓頭鷹為何能不動如山地立在樹枝上，察覺獵物的動靜呢？這種「梟雄之姿」是如何形成的？

第一個原因在於牠的腳。鳥類的後腳有四隻腳趾，大多數的鳥停在樹枝時，採取三趾在前、一趾在後的姿勢；但貓頭鷹、啄木鳥、鸚鵡之類，則是以前、後各兩趾的姿勢停在樹枝上，因此能比其他種類的鳥站得穩。唯一例外的是在歐洲常見的倉鴞，牠以前一後一、其他兩趾展開呈一百八十度的姿勢，即呈十字形，停棲在樹枝上。

第二個原因是牠的眼睛。貓頭鷹的眼球非一般的球狀，而是筒狀，可以放大獵物，視網膜上有許多能感受微弱光線、構造特別的柱狀神經細胞，所以即使只有一絲絲光線，牠也能看到獵物。而且，牠的臉與人臉相似，是較為平面的臉盤，這種臉形有助於眼睛正確測定距離，較能看到立體的圖像。當然眼睛附在正前方也有缺點，只能直視，視界難免狹窄，幸好牠的頸椎很柔軟，脖子可以轉二百七十度，而且動作敏捷，瞬時間就可以轉回到正面。

第三個原因是牠有敏銳的聽覺，能夠感受獵物發出的微弱聲音，掌握牠的存在。根據在完全沒有光線的暗室所做的試驗，貓頭鷹只憑聽覺就能以左右各一度、前後各〇～五度的誤差，對準離牠七・七公尺遠的聲音來源。貓頭鷹的耳朵被羽毛蓋住，從外面看不到，但撥開羽毛即知，左、右耳的高度不同，右耳比左耳略高些，致使聲音到達左、右耳的時間略為不同。此外，左、右耳的形狀不同，也不對稱。藉由左、右耳聽到聲音的時間差異及音質差異，牠能正確地測定獵物的位置。其實有時候我們也有類似的情形——側耳傾聽，當要聽取微小的聲音時，我們會把左耳或右耳靠向聲音產生的方向。不過，貓頭鷹因為左、右耳不對稱，不需側耳就可以聽得很清楚。

就是因為具備上述的這些利器，貓頭鷹才能以「梟雄之姿」停在樹上。

【鴟目虎吻】

形容相貌銳利凶狠。

這則成語出自《漢書．卷九十九．王莽傳》：「是時有用方技待詔黃門者，或問以莽形貌，待詔曰：『莽所謂鴟目虎吻，豺狼之聲者也，故能食人，亦當為人所食。』」借鴟、虎威猛強悍的動作，來形容王莽的貪狠。鴟是鴟鴞的簡稱，即貓頭鷹之類的猛禽。

虎吻的恐怖，看老虎的利牙就知道；但貓頭鷹敏銳的目光，是否貪狠，那就見仁見智了。事實上，在西方，貓頭鷹瞪大的眼睛、專注搜尋的神情，讓人覺得牠很有智慧，牠常以戴著博士帽、深度眼鏡的博士，持教鞭的教師或戴著聽筒的醫師形象出現在圖畫中。在中國，貓頭鷹的歷史地位則是隨著朝代的更迭，時起時落。

在公元前一千八百至一千二百年的殷商時代，祭祀用的青銅器上都刻了許多怪獸模樣的圖案，或者青銅器本身就是怪獸的形狀，其中有一件看起來很像貓頭鷹，被稱為「鴟鴞之器」，目前收藏於大英博物館。

在殷商時代的青銅器上，另有名為「兕觥」的怪獸，這是融合老虎、貓頭鷹與蛇的想像動物。在殷王墳墓裡的靈柩旁，也看得到牛、老虎、貓頭鷹的刻像，看來貓頭鷹在當時被列為聖鳥之一。根據歷史學者的研究，貓頭鷹在商代被用於占卜，占卜者從貓頭鷹停在祭壇上的動作，預卜當年農作物的收穫情形。這種以貓頭鷹傳達神意或天意的做法，也見於古羅馬帝國時代。但後來貓頭鷹的聖鳥地位逐漸被鳳凰取代，成書於西周至春秋中葉（公元前七七〇至前四七六年）的《詩經．國風．豳．鴟鴞》有如下一句：「鴟鴞鴟鴞，既取我子，無毀我室。」講到自己的雛鳥已被貓頭鷹取食，希望貓頭鷹手下留情，不要再摧毀鳥巢，句中直指貓頭鷹的兇暴之性。

到了漢代，貓頭鷹更淪為「凶鳥」，這從被漢武帝貶遷的賈誼的《鵩鳥賦》（作於公元前一七四年），可窺知一二。賈誼在賦文一開始，就開門見山地寫道：「誼為長沙王傅，三年，有鵩鳥飛入誼舍，止於坐隅。鵩似鴞，不祥鳥也」。從「鴞」字有「号」，可以推知貓頭鷹發出低沉的叫聲。「鵩」指小型的貓頭鷹，「服」與「伏」同音，意思和「鴟」相同，點出貓頭鷹晝伏夜出的習性。另有「萑」一字，這是組合羊角與鳥而成的象形字，表示貓頭鷹頭部的形狀。

貓頭鷹的另一個古名是「梟」，「梟」是會意字，「木」上加「鳥」，表示一隻鳥在樹上被肢解的樣子。不知從何時開始，人們相信貓頭鷹性情兇惡、忘恩負義，會吃掉餵養自己的母鳥。公元一〇〇年東漢許慎的《說文解字》就這樣寫著：「梟，不孝鳥也。故日至捕梟磔之，字從鳥頭，在木上。」古代有種極刑，殺死犯人取下頭部，將它懸掛在木桿上示眾，就被稱作「梟首」。三國時代魏國的曹植著有《令禽惡鳥論》，他所謂的惡鳥就是梟。此後民間各地也大都以貓頭鷹為惡鳥，並且以牠為中心發展出許多穿鑿附會的故事。

在十三世紀的元朝，據說有一隻金色的貓頭鷹救了戰敗逃亡的成吉思汗一命，貓頭鷹因而在元代受到尊崇。元朝時，參加祭祀的人頭上都配飾貓頭鷹的羽毛，以表示對皇帝的忠誠，不過明代以後，貓頭鷹的凶鳥形象再度鮮明起來。

【倚裝鵠候】

整好行裝，像鵠一樣伸長脖子站立著等候。形容人引領而望。

鵠是何種鳥類，眾說紛紜，有人認為是天鵝，有人認為是鷺或鸛，反正基本上是上述這類脖子長、腳短、體型像雁之類的鳥。

這則成語讓我想到一些先準備好孵卵場所，再引誘雌鳥來產卵的鳥類。雖然具有如此習性的鳥類不少，但其中的代表種應是分布在大洋洲的大趾鳥（塚雉）。大趾鳥此名譯自英文Megapode，學名為*Megapodius* spp.。屬於此類的鳥有十六種之多，體型不等，體長小者只有二十五公分，大者達六十五公分。顧名思義，牠們具有粗大的腳，雄鳥利用它來搜集土粒、落葉建造孵卵用的塚，塚有時長徑達五、六公尺，高度超過一公尺，是鳥類中最大型的巢。有些大趾鳥甚至利用舊塚建造自己的新塚，此時塚的長徑常超過十公尺，為了建這種大塚，雄鳥通常得花四、五個月的時間。

被雄鳥引誘來的雌鳥，在塚的上層部產下六～八粒的大型卵。其中，體重一．五公斤的眼斑大趾鳥（*Lepipoa ocellata*）所產的卵，重達二百公克，長徑九公分，可以比喻成「母雞產下比鵝蛋略小的蛋」。由於蛋如此之大，牠平均一個星期才產下一粒蛋，蛋靠著塚中的醱酵熱發育。由於塚內落葉的醱酵需要水分，因此多種大趾鳥便在雨季築塚、孵卵，但部分築塚於海邊或火山地帶的大趾鳥，牠的蛋只靠太陽熱發育，孵卵期約六十天。雛鳥靠著自己的力量撥開幾十公分的塚土，離開此地，開始自力生活。

談到塚中卵的發育，大多數的鳥都是靠親鳥抱卵。抱卵時，親鳥會先拔掉自己腹部的羽毛，讓腹部直接接觸卵，促成卵的加溫。鳥類的體溫通常為攝氏四十度，傳達到卵的溫度大致為三十七、八度，其間為了均勻地加溫，親鳥常以嘴喙改變卵的位置，有時親鳥為了喝水或其他原因離開，巢內的卵因為接觸到空氣而稍稍冷卻，這種偶發的情況對卵內胚胎的發育，帶來良好的刺激作用。

大趾鳥是完全利用塚內醱酵熱來孵卵的鳥類，為了不讓醱酵溫度超過攝氏七、八十度，妨害卵的發育，雄鳥在築塚的過程中，混拌了一些砂粒，讓塚內的醱酵熱能調整到三十三．五度的最適合溫度。由於塚內的溫度易因天氣的變化而改變，雄鳥常將嘴喙插入塚中，以嘴喙或舌頭測量溫度。當溫度過高時，牠就改善塚中的通氣情形；溫度過低時，就加蓋矽砂粒棉被，後來再插入嘴喙確認溫度，此時測定的誤差值為〇．一度。至於人體體溫的調節是由視床下部負責，在此控制送到腦部的動脈血的溫度，視床下部能感受到的溫度變化也是〇．〇一度。

順便一提，曾有一種以紅外線引導的響尾蛇式飛彈，它之所以稱作響尾蛇，是因為它的運作機制與響尾蛇有異曲同工之妙。原來在響尾蛇的眼睛與鼻孔之間，有可以感受紅外線的小孔，利用這種感受器，牠能察覺小鳥、老鼠發出的體溫，進而展開追捕。此外，在距離小鳥、老鼠約半公尺處，響尾蛇就能感受到〇．一度的溫度差異。所以當牠前後左右搖擺頭部，一副「倚裝鵠候」的模樣，其實不是在望穿秋水的等待，而是在測定獵物的位置和體型大小，就像我們用目測一樣。

【輕於鴻毛】

指比鳥羽還輕。形容非常輕微，沒有價值。又作「輕如鴻毛」。

【相反詞】重於泰山。

這則成語出自《戰國策．楚策四》：「是以國權輕於鴻毛，而積禍重於丘山。」後來發展出形容死亡意義的諺語：「死有重於泰山，輕於鴻毛」。鴻毛，鴻，鸛或大雁之類的羽毛。

一片羽毛在空中飄盪的模樣，的確給人輕盈的感覺。不只是鴻毛，所有鳥的羽毛為何如此的輕？先來看看羽毛的構造。鳥的皮膚經過一段很長的進化過程，從恐龍等體表上的鱗片變化而成羽毛。羽毛主要由中央的羽軸，與從此伸出的羽枝所組成。羽軸就相當於一枚葉片葉脈中的主脈，由於它是中空的，所以不會很重。羽枝以鉤狀的細毛互相連接，在空中可以依氣流方向等，發揮調整上升、下降的作用。鳥身上有大量的羽毛，看起來頗有重量，其實羽毛本身很輕又有浮揚力，一根脫離鳥體的羽毛被風一吹，就飄揚起來。

整體來說，羽毛在體表形成隔熱層，能保持體溫，是極佳的斷熱材料，當鳥整理羽毛時，無論是在零下的低溫或攝氏四十三度的高溫，牠都能維持攝氏三十八～三十九度的正常體溫。羽毛也能保護皮膚，它的顏色和斑紋具有保護色的作用；在鳥類的飛行上，羽毛更是扮演重要的角色。所以，有句成語「愛惜羽毛」（見278頁），用來比喻自重、愛惜自己的聲譽，其實是非常恰當的。

更進一步說，羽毛依它在鳥體生長的部位，而有不同的構造和功能，例如雄孔雀的尾毛（尾上覆羽）又長又美麗，在求偶期為了獲得雌孔雀的青睞而開屏，這是眾所皆知的事；軍艦鳥、燕子的尾毛長且分叉，讓牠在飛翔時可以急速轉變方向，有舵的作用；啄木鳥的兩支中央尾羽末端變硬，讓牠在攀樹啄食時，可以支撐身體。無論何種功能，羽毛都是鳥類生活上必備的利器，於是多數鳥類在尾端具有油脂腺，利用所分泌的油脂塗在羽毛上，並且不時整羽，讓羽毛隨時保持最佳狀態，即使食物不足時，牠也不會犧牲整羽時間去覓食。

但另一方面，仍有一些鳥類油脂腺退化或不甚發達，例如鸚鵡科、鷺鷥科、鳩鴿科的鳥。牠們雖然沒有發達的油脂腺，胸部卻有稱為「粉絨羽」的柔毛，不斷地生長，尖端呈粉狀且會脫落，這種粉狀物有點像滑石粉，主要成分是角蛋白（keratin），有防水防汙的效果。若脫落掉在巢中的雛鳥身上，也能保護雛鳥尚未發達的羽毛。

談到羽毛的奧祕，不能不談貓頭鷹。牠是出了名的夜間狩獵高手，具有靈敏的聽覺、在黑暗中能看到獵物的利眼，以及幾乎不發出聲音的飛翔能力。而牠奇特的飛翔能力就來自於羽毛。貓頭鷹的羽毛如棉花般柔軟，羽毛互相擦動時不會出聲音，加上翅翼面積大，不必頻繁地拍翅即能飛翔，如此可降低拍翅的聲音，並保持飛行的穩定。

不過只靠柔軟的羽毛和減少拍翅次數，不能降低飛翔時發出的聲音，因為拍翅運動會攪亂空氣，使空氣渦流出現。觀察貓頭鷹的翅翼前緣即知，這部分的構造和其他鳥類很不一樣，呈凹凸不平的鋸齒狀，後緣則密布一排排的細羽毛。這樣特殊的翅翼，能調節拍翅時的空氣流動，並消減空氣經過羽毛時所產生的音波，讓牠飛起來幾乎不發出一點聲音。目前，貓頭鷹翅翼抑止噪音的原理已應用於電風扇、通風扇的製造，作法是增加扇片的枚數，讓扇片呈弧狀，像蝴蝶的翅膀一樣，並加大扇片，以此降低扇片迴轉時所發出的噪音。此外，航空科技業也積極探討貓頭鷹翅翼的「靜音功能」，希望從此得到啟發，造出更安靜的飛行器。

由此可知，羽毛非但像它摸起來、看起來那般輕微，它所暗藏的玄機，更足以改變人類的生活！

【雁序分行】

比喻兄弟的分立。

以雁行比喻兄弟長幼有序，如鴻雁飛行，始於《禮記．王制》的「父之齒隨行，兄之齒雁行。」唐代蘇鶚的《杜陽雜編．卷中》：「王沐者，涯之再從弟也，家於江南，老而且窮……涯潦倒無雁序之情。」以「雁序之情」來形容手足之情。成語「雁行折翼」，則是比喻兄弟分離或死亡。

雁是著名的候鳥，體形和鵝有些相像，但脖子較短，翅膀較長。事實上，鵝是公元前二、三千年從野雁馴養出來的。雁冬天自北方飛到南方，春天又飛回北方，這種遷移習性也見於多種鶴類。牠們飛翔時，有一隻鳥在前，彷彿在當領航者，其他的跟在後面飛，整個隊伍成「人」字或稱倒V字型。雖說是人字型，但並非左右對稱，通常是一邊較長，一邊較短。

原來雁、鶴等大型鳥飛翔時，翅膀的擺動攪亂到空氣，使翅膀後方產生空氣渦流。當一群鳥飛翔時，跟在後面的鳥，便利用前一隻鳥振翅所產生的強力上升氣流，托住自己的身體，以減少自己體力的消耗，得以輕鬆地飛翔；反之，若飛在氣流的下方，就會碰到阻力，而飛得很辛苦。因此，跟在後面的鳥會尋找適合自己飛翔的有利位置，如此自然形成了倒V字型的飛翔隊形。

飛在最前面的一隻鳥雖然威風八面，其實飛得可是很吃力。一些動物小說描述候鳥隊伍的領航鳥，是經驗豐富的長者，但根據鳥類生態學的研究，飛在最前面的，並不是特定的一隻，全看當時情況而定，有時甚至是一隻偶然起飛，其他的就跟著牠振翅飛翔。看來鳥類的社會還比我們民主呢！

候鳥為了縮短飛翔距離，常不繞過山而直接飛越山頂，已知一些鶴類以七千三百公尺的高度飛越喜瑪拉雅山脈，來回於印度與西藏之間。當我們攀登這麼高的高山時，為了避免得高山病，必須從低山一步一步地爬，使身體逐步適應稀薄的空氣；但候鳥飛越高山時，是從平地一口氣飛升到攝氏零下三十度的低溫，此時氣壓、氧氣濃度不及平地的一半。在這種高海拔的低溫環境下，牠們的羽毛發揮了最佳的保暖功能，當我們穿上羽毛衣就能充分體會這一點。

此外，候鳥能作長距離的飛翔，還和牠的氣囊有關。連接於肺臟的氣囊，有像血管般的分枝，延伸到身體各個重要部位，不僅能將空氣送到肺臟，也能將空氣送到身體各個角落，甚至呈中空的骨頭裡面。如此鳥不管在呼氣或吸氣時，肺臟都能進行氣體交換，也就是所謂的「雙重呼吸」，這點有別於哺乳類動物的「單向將新鮮空氣送入肺臟裡」。再者，空氣與血液從不同方向流動，能夠提高吸取氧氣的效率。

【雁足傳書】

古時用雁和鴿子傳信，把信摺成小條，綁在雁爪上。比喻互相聯絡，音信不斷。又作「鴻雁傳書」。

【相似詞】魚雁不絕、魚雁往返、雁去魚來。

【相反詞】杳無音信、泥牛入海、魚沉雁杳、雁杳魚沉。

這則成語的典故來自漢代的蘇武。根據《漢書．卷五十四．蘇建傳》的記載，西漢武帝天漢元年（公元前一〇〇年）蘇武出使匈奴，被扣留在北海；後來西漢與匈奴和親，西漢要求匈奴釋放蘇武，匈奴卻謊稱蘇武早已死亡。漢使知道對方不肯放人，便騙匈奴首領單于，說漢帝在打獵時，曾打中一隻鴻雁，雁腳上繫著帛書，上面寫著蘇武仍然被押在北海邊；單于一聽，驚訝不已，才於漢昭帝始元六年（公元前八十一年）讓在異國十九年的蘇武回家。

後人常以「雁書」、「雁足」、「雁帛」等詞語，作為書信的代稱。不過，利用鳥類通信的典型例子，恐怕還是鴿子。信鴿的利用可以追溯到公元前五百年的秦代，當時秦始皇與地方主管的連絡就是透過信鴿，每處府城都設置了收養信鴿的鳩舍，離開京城到外地洽公的官員都帶了信鴿，以便與京城聯繫。馬需要數天才能傳送到的訊息，利用信鴿不到一天就能傳到。信鴿的祖先被認為是嘴喙基部有大型疣狀突起、眼睛周圍有個白圈的野鴿，原產於現在的伊朗地區。如此看來，中國與伊朗（波斯）間，在秦代時就有物品交流了。

唐代時，信鴿已經很普遍。五代王仁裕在《開元天寶遺事》一書中提到，唐代詩人張九齡少年時，家裡養了很多鴿子，利用牠們傳信，和親友往來。張九齡還為信鴿取了一個美麗的名字——飛奴。此後各代，信鴿一直在人們的通訊生活中發揮作用。十三世紀的元朝，由於領土幅員遼闊，元世祖忽必烈汗還設置了信鴿通訊網，以加強全國各地的資訊流通。

曾經統治印度數百年的蒙兀兒帝國的阿克巴（Akbar, 1542-1605）也是很重視信鴿通訊的皇帝。他下令在全國各地重要據點，派駐養鴿專業人員。蒙兀兒帝國所養的信鴿品質優良，且受過良好的訓練，曾當作禮物贈送給其他國家。

西方的信鴿歷史更久遠，早在公元前七七六年，希臘舉行第一屆奥林匹克運動會時，就有很多選手透過鴿子，將自己得勝的消息傳回家鄉。而在羅馬時代，也有種種關於「飛鴿傳書」的傳說。公元前二四〇年，鴿子就被用來蒐集情報。公元前二一八年，漢尼拔（Hannibal, 247-183BC）率領的數萬大軍，能在短時間內完成翻越阿爾卑斯山的任務，據說信鴿功不可沒。此後，利用鴿子傳遞信件和情報的通訊方式散見各地。

一八一五年，猶太裔羅思柴爾德（Rothschild）家族集團即透過信鴿，比英國政府早一步得到英軍在滑鐵盧打敗拿破崙大軍的消息，搶先操作英國股市，獲得非常可觀的盈利，為該集團打下一片江山。保羅．朱利斯．路透（Paul Julius Reuter）在一八五一年創立路透社之前，就曾利用四十五隻信鴿，在比利時布魯塞爾及德國亞琛之間，來回蒐集新聞和商業動態和股市行情。這段距離信鴿只飛約兩個小時，比當時的火車快了六個小時。路透社成立初期，曾經擁有約兩百隻信鴿。

雖然隨著一八五八年第一條大西洋海底電纜的完成，信鴿在通訊上的利用價值，逐漸被電報所取代，但是在電信通訊尚未完備的地區，牠們仍在緊要關頭、重要軍事據點之間，扮演舉足輕重的角色。

一八七〇年普法戰爭時，巴黎曾被德軍圍困六個月之久，巴黎透過三百六十隻信鴿與外地連繫，先後傳送了一百一十五萬封信，其中包括約一萬五千封官方信函。信鴿以八十公里的時速，飛行約一百五十分鐘，到達距離巴黎二百公里遠的政府連絡中心，這種連絡方式比當時最快的火車還要快。在一八八六年，一次讓信鴿橫越大西洋的嘗試中，從倫敦釋放了九隻信鴿，有三隻安全返抵自己位於波士頓等地的鴿舍，牠們所耗費的時間，僅為當時輪船的一半，如此出色的長距離飛行能力，實在不可思議。

第一次大戰期間，信鴿仍是受到倚重的情報員，歐洲各國紛紛利用牠們傳遞情資。一九二三年關東大地震時，東京與橫濱地區死傷慘重，對外通信線路中斷，適時從日本皇宮放出的五百多隻鴿子，成為穩定民心、推動善後工作的助手。第二次世界大戰期間，隨著電信科技的發達，信鴿在軍事及民間的利用已大為減少；現在鴿子的用途大多在休閒活動上。

但信鴿傳書也有牠的風險，而且常是危機四伏的。其中最大的危機就是，面臨天敵鷹鷲類的捕食。因此，在歐洲，常把幾個能發出尖銳聲音的鈴鐺綁在信鴿的翅膀上，這樣信鴿飛得愈快，發出的聲音就愈尖銳，讓掠食者不敢靠近。

到底信鴿是怎麼找到回家的路？對此，科學界還沒有形成共識，主要的解釋有以下兩種：一是鴿子依戀鴿舍，牠們具有靈敏的嗅覺，能夠嗅聞出風中的氣味；一是，牠們體內具有類似磁場探測器的特殊構造，能感覺氣壓和地球磁場的變化，以此導航。也有人相信，鴿子是靠敏銳的視覺系統來認路。

【交頸鴛鴦】

以鴛鴦脖子相交的親暱行為，比喻夫妻間恩愛深情。

鴛鴦是屬於雁形目，體型小於鴨的一種水鳥，雄鳥羽毛美麗，頭部有橙紫色的飾羽，翅膀上部呈黃褐色，雌鳥呈蒼褐色，常棲息於池沼之上。牠的英文名字tree duck（木鴨），來自於牠利用樹洞築巢的習性；另一個名字Mandarin duck（中國鴨、官鴨），來自雄鳥在秋季繁殖期間，開始換上求偶用的美麗尾毛，由於牠的模樣類似穿著麗服的中國太監，而獲得這樣的戲稱。鴛鴦主要分布在中國大陸東北方及日本、韓國地區，台灣也有。

由於鴛鴦常成對出現，人們對鴛鴦有不少浪漫的遐想。晉代崔豹的《古今注》中記載，雄鳥被捕，雌鳥留在原地，不斷地哀鳴，不肯離開，相思至死。如此淒美的愛情故事，讓鴛鴦獲得「匹鳥」的別稱，甚至受到禁獵的保護。唐代詩人盧照鄰也在

〈長安古意〉一詩中，以鴛鴦象徵美滿恩愛的婚姻，一句「得成比目何辭死，願作鴛鴦不羨仙」，道出許多有情人的心聲，從此鴛鴦儼然成為愛情的代名詞。也因此以鴛鴦為名，取其成雙成對之美意的事物，不勝枚舉，如鴛鴦枕、鴛鴦劍、鴛鴦浴、鴛鴦鍋等，甚至鴛鴦大盜。

在印度，鴛鴦的形象也是美好可親、惹人愛憐的。在修道者的守則中有以下三則：一、正如鴛鴦不嫌棄配偶，修道者也應至死不放棄追求正道。二、正如鴛鴦只取食數種水邊植物，卻能維持充沛的體力與美麗的姿色，修道者也應滿足於粗衣粗食，全心求智、求道、修行。三、正如鴛鴦不殺生，修道者也應放棄一切武器，以慈悲心對待所有的生物。

但鴛鴦的雄鳥和雌鳥是否真如人們所讚美的那樣恩愛？

談到鳥類的婚姻關係，根據一九六〇年代鳥類生態學家對鳥類行為所做的長期追蹤調查，在八千多種鳥類中，約百分之九十二的鳥類以一雌一雄形態度過求偶及育雛階段，多雌一雄的約佔百分之二，一雌多雄的約佔百分之〇．五，另外約有百分之六的鳥是多雌多雄。為何一雌一雄者佔極大多數？關鍵在牠的飛翔性。為了飛翔，身體必須保持輕盈，因此雌鳥體內不能長期容納大型的卵，得盡快把卵排出體外（產卵）。以我們人類的標準來說，飛翔性鳥的卵就像早產兒，母鳥產完卵後還需要抱卵加溫，才能讓卵內的胚胎發育。然而卵的容積到底不大，孵化的雛鳥常常沒有羽毛、眼睛緊閉，必須經過雌、雄鳥協力抱卵、覓食餵育才能長大，在這樣的背景下，一雌一雄的婚姻制度就產生了。

雖然鴛鴦屬於一雌一雄的多數派，但雄鳥與同一隻雌鳥的成對關係，僅限於該次的繁殖、育雛期而已，明年此時就另結新歡。不但如此，在成對的鴛鴦附近，總有少數育雛的孤單雌鳥，從DNA分析的結果得知，這些孤雌的後代都是在牠附近已成對的雄鳥的婚外情結晶。如果在已成對的鴛鴦求偶期間，以人為方法除去其中一隻，會發生什麼樣的情形？當雄鳥或雌鳥不幸遇害時，會出現兩雌一雄的鴛鴦。

也就是說，大多數的鴛鴦至少表面上仍維持一雌一雄的生活。因為當雌雄合力育雛時，育雛的成功率明顯升高。有鑑於此，雌鳥會強迫雄鳥照顧幼雛，可見鴛鴦的社會還是女性當權。雖然鳥類的行為不應該以人類的道德和思維來做衡量，但兩相對照，還是挺有意思的。

隨著動物生態學的進步，一些用來形容夫婦或伴侶琴瑟和鳴、濃情蜜意的成語，如「鸞鳳和鳴」、「鶼鰈情深」等，它們在科學上的正確性都受到嚴格的檢視，但不可諱言地，它們所勾勒的人們對美好愛情的憧憬，是永恆不變的。

【鷗鳥忘機】

比喻人淡泊名利，不以世事為念，置得失於度外。亦作「鷗鷺忘機」。

這則成語使我想起二十多年前翁倩玉主唱的流行歌曲「海鷗」，及美國作家李查．巴哈（Richard D. Bach）一九七三年的擬人化小說《天地一沙鷗》（*Jonathan Livingston Seagull*）。前者歌詠「海鷗飛在藍藍海上，不怕狂風巨浪，……飛得越高，看得越遠……」；後者描述海鷗岳納珊不甘心只在沙灘上搶食小魚、麵包屑，立志追求更高境界的飛行。兩者都在勉勵人以海鷗為榜樣，勇於超越現實的羈絆，追尋自己的理想。

海鷗在人們心目中似乎一直維持不錯的形象，這或許在於牠那白色的身體、飛翔的美妙姿態，及與藍天碧海相映成趣的風韻吧。中國歷代的詩人也寄情於海鷗，寫下了一些傳世的佳句：唐代杜甫的「飄飄何所似，天地一沙鷗」、「娟娟戲蝶過閒幔，片片輕鷗下急湍」、「風蝶勸依槳，春鷗懶避船」、「舍南舍北皆春水，但見群鷗日日來」、賈島的「舉翮籠中鳥，知心海上鷗」、許渾的「雨晴巢燕急，波暖浴鷗閒」、白居易的「石疊青稜玉，波翻白片鷗」、李商隱的「鷗鳥忘機翻浹洽，交親得路昧平生」、五代崔道融的「白鷗波上棲，見人懶飛起」、宋代謝靈運的「海鷗戲春岸，天鵝弄和風」、陸游的「鏡湖西畔秋千頃，鷗鷺共忘機」、元代張養浩的「鷗狎海風波」等等。

文人筆下的海鷗，畢竟有被浪漫化或寄情化的嫌疑；自然界裡的海鷗，面臨現實無情的生存競爭，表現出的行為往往就沒有那麼詩意了。海鷗中，體型屬於小型的紅嘴鷗（*Larus ridibundus*）有雙可愛的大眼睛，外形頗討人喜歡，在台灣並不常見，主要分布在溫帶至亞寒帶地域。在一些地區，成千上萬隻紅嘴鷗群居在港灣、海邊，休息於防波堤或岩礁上，場面壯觀，而且牠們的隻數有增加的趨勢。

紅嘴鷗悠閒地滑翔在海面或河流上，以浮在水面的動物屍體或漁船丟棄的食物殘渣維生。當然在漁市場、漁港附近，也看得到牠啄食魚尾、魚內臟等的身影，如果牠的行為到此為止，可算是自然界的清道夫，是益鳥。但在都市地區，隨著垃圾的增加，紅嘴鷗的食物資源越來越充足，生活條件獲得改善，漸漸地牠開始在繁殖地壓迫其他水禽類，捕食牠們的雛鳥，嚴重影響一些保育類水禽的棲息，搖身成為水域生態系的破壞者。

此外，船舶航行時，螺旋槳攪拌水流，導致本來沉積在水底的水棲動物浮到水面，紅嘴鷗察覺這個現象後，便跟隨在船舶後面飛翔覓食。這種海鷗成群行動的壯觀場面，在不少地方成為觀光資源，當地觀光業者甚至推出從船上以麵包餵飼海鷗的節目，如此一來加速該地水域的失衡。可以這麼說，紅嘴鷗的害鳥化，人為因素居多。

但海鷗中也有如賊鷗（*Stercorarius spp.*）之類，天生就是「害鳥」的。由於海鷗都不具潛水捕食的習性，只能在水面或水邊覓食，因此賊鷗常常滑翔在鵜鶘、鸕鶿、燕鷗等水禽上，趁牠們潛水捉到魚時，立刻降落到牠頭上，啄刺牠，逼牠吐出剛捉到的魚，佔為己有，行徑之大膽野蠻，令人側目。雖然賊鷗在繁殖地也捕食野鼠之類的小動物，有益鳥的一面，但在南極圈，牠常是動作緩慢的企鵝最大的天敵。在企鵝的繁殖季節，賊鷗經常突襲企鵝的棲息地，叼走企鵝的蛋和幼雛，成為威脅企鵝生存的禍首。

【牝雞司晨】

母雞代替公雞執行清晨報曉的鳴啼。比喻女性取代男性，掌握大權。又作「牝雞晨鳴」、「牝雞牡鳴」。

這則成語出自《舊五代史．卷三十四．唐書．莊宗本紀八》：「史臣曰：外則伶人亂政，內則牝雞司晨。」《幼學瓊林．卷二．夫婦類》則直接點出：「牝雞司晨，比婦人之主事。」其實牝（母）雞是不報曉的，牡（公）雞才會。

公雞之所以在破曉前啼叫，主要是生物時鐘使然。公雞的生物時鐘在牠的大腦與小腦之間的松果體。松果體在夜間會分泌對光線特別敏感的褪黑激素，讓牠安然入睡，到了黎明時分，由於光線的刺激，這種分泌減少，促使公雞醒來興奮地啼叫。所以如果要公雞別叫，可以在雞籠蓋上黑布隔絕光源，或者關燈，讓牠以為天還沒亮。其實不少動物都對光線很敏感。平常白天光照度為一～二萬燭光，不少動物卻能感受到燭光的超微光而開叫，而且牠們的行為幾乎不受光照強度的影響。

當然，公雞不只是在大清早叫，也會在一天的其他時間啼鳴，有時甚至在三更半夜！啼叫的目的，不外宣示自己的領域、引起母雞的注意、警示敵人等。

「牝雞司晨」也好，「河東獅吼」也好，都是誇張地形容女性比男性強勢的成語，到底男的較強或女的較強，其實是很難說的。但若只看體型的話，一些動物雄性的體型確實遠大於雌性，例如獨角仙、孔雀、獅子、大猩猩以及人類，尤其是海象，雄性的體格竟有雌性的六、七倍。但在動物界也有雌大於雄的，其中跳蚤、蜘蛛是較為人熟悉的例子，另外典型的例子還有負蝗，體型較大型的雌蝗背著較小型的雄蝗。

除了上述的無脊椎動物外，在魚類也看得到雄小於雌的種類，且小得很離譜，不但變成「小白臉」，甚至變成雌魚的寄生者，提燈鮟鱇就是其中的典型者。雖然多種鮟鱇魚身體扁平，蟄居於海底，耐心地等候獵物接近，但提燈鮟鱇的雌魚身體全黑，呈圓球形，還有一個尾鰭。雄魚則緊貼在雌魚的身體上，多半在牠的肛門附近，像個疣狀物吊在體表下。雄魚看起來像是用牠的嘴緊緊咬住雌魚，其實雌雄之間是以皮膚連接的，雄魚儼然成為雌魚身體的一部分。

不過，孵化不久的雄性稚魚還是有獨立的身體，在發育的過程中，牠的嘴喙慢慢變形，上、下顎開始退化，最後以僅剩的牙齒咬住雌魚的身體，停止發育，開始牠那倚靠雌魚的寄生性生活。雄魚自從得到安身之處後，就不再取食，僅利用雌魚所提供的血液維生，因此雄魚的消化管、呼吸及排泄系統等臟器都退化了，只剩下極發達的精巢，宛如只具性功能的一團肉塊。雄魚排出的精子如何與卵受精，至今仍不明。由於雄魚已到達完全依賴雌魚的地步，故有「寄生雄」的別名。

雖然雄魚寄生於雌魚，但雌魚似乎沒有任何損失，不但如此，還因為雄魚的寄生，省去尋找配偶的氣力和時間，如此雌雄之間彷彿有相利共生的關係。雖然至今有關提燈鮟鱇的生活習性尚未解明，但從雌魚正球狀的體型推測，平時應是緩慢地在深海中漫游，在這種情況下，雌魚遇到配偶的機會並不高，因此雄魚二十四小時都陪伴在雌魚身邊。對雌魚而言，養這些寄生者可是很划得來的。

【金雞獨立】

以一隻腳站立。這是中國武術的一種姿勢，特色是單腳立地，並同時用手、膝或腳部攻擊敵人，招式兇狠。

雖然我們偶爾可以看到雄雞以這種姿勢站立，但維持的時間很短，其實鶴、鸛、鷺鷥才是「獨立高手」。在動物園裡，我們常可以見到鶴單腳立地休息的身影；換成是人，別說睡覺，光是閉著眼睛，伸出左右手保持平衡，通常不到三十秒，身體就開始晃動，只好兩腳再著地。不可思議的是，鶴的平衡感極佳，能如此維持好幾個小時，在鳥類中堪稱異數。

鳥類睡覺時，通常會把腳縮起來，腹部貼著地面或樹枝，將頭鑽進背部羽毛中休息。這是最基本的姿勢，可以讓沒有羽毛的腳和臉部埋在羽毛中，減少體溫的發散，尤其適用於氣溫降低的夜間。

不少種類的鶴是生活在寒帶的候鳥，到了冬天才從西伯利亞等地飛到溫帶地域越冬。這些生長在低溫地域的鶴，為何能在溫帶地域裸出那長長的腳，擺出金雞獨立的架勢？當然最主要的原因是，鶴通常活動於淺水域的泥濘沼地及冰原上，腹部若貼著地面或水面睡覺，將使體溫降低不少，此時用單腳站立反而可以減少體熱的散佚。再者，鶴的腳非常細長，心臟要很費力才能把血液打到全身，用單腳站立可使心臟的輸出壓力比雙腳站立時減小，而且單腳裸出的部分比雙腳少，較能省力。

鶴還有一個祕密法寶，即腳與腿連接部有個血液交換裝置，在此動脈與靜脈的毛細管如網狀交錯。從裸出的腳端部靜脈來的冰冷血液，和從心臟動脈來的溫熱血液，在此進行熱量的交換，靜脈血變溫往心臟流，動脈血變冷往腳尖流。雖然鶴的腳端部一直是冷冰冰的，但牠不會讓腳凍壞，隨時做好換腳、起跑或起飛的準備。因此，鶴、雁鴨等在水邊活動的鳥類，通常有兩種體溫，頭及身軀部分維持約攝氏四十～四十一度，裸出的腳的體溫則和外界的氣溫相近。

如此看來，「金雞獨立」的成語，改為「金鶴獨立」會更恰當。順便一提，金雞獨立可以用於測定人的老化現象，身體愈老化，能夠維持此姿勢的時間就愈短。

【鬥雞走狗】

古時讓雞和雞相鬥，狗和狗競走的遊戲。後來泛指紈絝子弟從事的消遣活動，或諷刺人不務正業、放蕩嬉戲。

鬥雞走狗是古時中國民間的一種賭博性遊戲，早在先秦時代即已存在，《左傳》和《莊子》裡都有關於鬥雞的記載，《戰國策．齊策》更記載首都臨淄的七萬戶，「其民無不吹竽鼓瑟、擊筑彈琴、鬥雞走狗、六博蹋鞠者」。

所謂的「鬥雞」，是利用公雞好鬥的天性，讓兩隻雞相鬥互啄，雙方使出渾身解數，飛、撲、騰、壓樣樣都來，人們藉雞享受逞兇鬥狠的快感及賭博的樂趣。到了漢代，鬥雞走狗已是普及於貴族世家子弟的休閒娛樂。三國時代，魏明帝還曾命人建造專供鬥雞使用的「鬥雞台」。在歷代統治者中，唐玄宗可說是最愛鬥雞的皇帝，他曾任命五百人專門負責馴雞，童子賈昌因為擅長馴雞而深受寵信，當時民間傳唱的歌謠就有這麼一句：「生兒不用識文字，鬥雞走馬勝讀書。」詩人李白曾在〈古風〉的詩中諷刺道：「路逢鬥雞者，冠蓋何輝赫。鼻息干虹霓，行人皆怵惕。」雖然鬥雞之風有起有落，但長久以來，在許多傳統工藝美術品及器物上，鬥雞都是很常見的主題。

鬥雞在菲律賓巴拉普島、泰國東北部、印尼峇里島，也是極盛行的賭博性娛樂。雖然印尼官方禁止鬥雞活動，但在居民篤信印度教的峇里島，鬥雞卻是合法的娛樂，深受民間歡迎，當地較有規模的寺廟都設有邊長約十公尺的正方形鬥雞場。比賽時，在鬥雞的後距（即腳的蹠骨後上方突出像腳趾的部分）綁上銳利的小刀，讓兩隻雞展開一場短暫而慘烈的廝殺。他們之所以讓鬥雞鬥到出血，是因為相信鬥雞流的血可以淨化大地。當然觀眾對鬥雞的熱中，不只出於宗教上的理由，還有來自感官的刺激和賭博的利誘。

談到鬥雞賭錢，更出名的應是泰國東北部。這裡有不少大型的木造鬥雞舍，裡面設有直徑約五公尺的圓形鬥雞場，用高一公尺的水泥牆圍住，以防止鬥雞們跳到場外。鬥雞場周圍是階梯式的觀眾席，通常可以容納兩百個人觀賞。

比賽時，由裁判率先入場，接著兩位雞主抱著鬥雞進場，他們不停地撫摸自己的雞，為牠熱身。此後鑼聲一響，比賽開始，但面對面的兩隻鬥雞並沒有馬上開打，在一旁的雞主急得捉起自己的雞，對牠嘶嘴，企圖激起牠的鬥志，這一招通常有效，只見兩隻鬥雞激動地躍起，在空中相互啄擊，由於這裡的鬥雞腳上並未綁小刀，勝負難以立刻分曉。鬥雞比的是技術、耐力和體力。

看見鬥雞數次跳向對方，觀眾漸漸興奮起來，此時裁判開始向觀眾收錢，並在紙片上用鉛筆寫些東西還給觀眾，誰贏誰輸外行人實在看不出來。不久裁判在觀眾面前開始還錢，想必是給賭贏的人的紅利。至於鬥敗受傷的雞，此時則在雞舍外接受主人的治療，工作人員用溫水細心地擦拭牠的身體，並用力扳開牠的嘴喙，餵牠喝水，還幫牠縫傷口，縫好傷口後，好似母親舐觸孩子的傷口般地，用嘴舐一下雞的傷口；戰敗的雞或許早已累壞了，只見牠動也不動，偶爾閉著眼睛，悶聲不叫。

「走狗」即賽狗，它的受歡迎程度似乎不及鬥雞。但在歐洲的英國，賽狗相當流行，香港、澳門由於曾是英國、葡萄牙的殖民地，也感染了賽狗熱，而設有專門的賽狗場。用來賽狗的灰狗（grey hund），腳細長，身體呈流線型，原產於埃及，是傳入英國後才改良育種的，有高達六十六．七公里的時速記錄，美國一家長途汽車公司即以牠為名。雖然灰狗是跑得最快的狗，但牠和獵狗一樣缺乏耐力，若距離超過一千公尺時，東非獵犬（Arabian gazelle hound，又名薩盧基狗〔saluki〕）會超越牠。

賽狗除了疾跑步外，還有比拉雪橇的，例如頗負盛名的阿拉斯加狗橇比賽，當然也有比負重的載重比賽，比賽時必須在九十秒內拉動放在四輪車上的貨物四．五七公尺，至今最重的貨物紀錄為四千五百三十五公斤。

類似「鬥雞走狗」這種以動物為主角打鬥的遊戲還有不少，例如賽馬、鬥牛、鬥蟋蟀、鬥蜘蛛，鬥獨角仙等。其中鬥蟋蟀（秋興）在中國有相當悠久的傳統。所謂的鬥蟋蟀，是利用蟋蟀強烈的領域觀念，把兩隻蟋蟀放在一個「戰場」內，激起牠們的敵意和鬥志，讓牠們打鬥到分出勝負為止。至少在唐代太宗天寶年間（七世紀），鬥蟋蟀已是長安富貴人家時興的娛樂，且染上賭博的色彩。南宋（十三世紀）以後，鬥蟋蟀的風氣更甚，從宮廷盛行到民間。南宋宰相賈似道就很熱中鬥蟋蟀的遊戲，還為此編寫了一本《促織經》，由於沉迷此道、玩物喪志而誤了國事，被後人戲稱為「蟋蟀宰相」。明、清時代是鬥蟋蟀的全盛時期，雖幾度因為玩風之盛而遭到當局的禁止，但它已成為市井小民農閒之餘的活動了。即使到現在，鬥蟋蟀仍是中國地區很重要的民俗遊戲，在台灣中、南部鄉鎮，也看得到這種有趣的昆蟲競技。

【殺雞取卵】

把雞殺了，取出腹中的蛋來吃。比喻貪圖眼前的好處而損害了長遠的利益。

【近似詞】竭澤而漁。

這則成語來自《伊索寓言》裡「生金蛋的鵝」的故事。講的是一對貪心的夫婦，養了一隻母鵝，牠每天都會下一顆金蛋。但是他們並不滿足，他們想母鵝肚子裡一定藏了金塊，便把牠殺了，結果不僅沒有發現金塊，連本來的金蛋也沒了。和「殺雞取卵」很類似的成語是「竭澤而漁」（即排盡澤水捕魚），形容一個人貪心到取盡所有，不擇手段，不留餘地。

「殺雞取卵」或「竭澤而漁」的確是不明智的做法，不過在一些特定情況也有反例，例如在一些魚類的養殖，尤其鮭魚的養殖，「殺雞取卵」的方法是可行的。眾所周知，鮭魚到了繁殖期，會從海洋成群回溯到牠們出生的河川，在那裡產卵。大多數的鮭、鱒類，一生只產一次卵，雌魚產卵後不久即死亡。於是為了保育鮭魚資源，利用鮭魚的迴游性，將溯流而上的雌魚捉來，擠出牠肚子中的卵，同時從雄魚身體擠出精液，撒在剛擠出的魚卵上，讓它受精，等它孵化後飼養一段時間，再釋放回河裡。這種採卵方法，可說是與「殺雞取卵」沒有兩樣。

另一個「殺魚取卵」的例子是烏魚子。烏魚是屬於鯔科的魚類，喜歡棲息於溫暖的海域，隨季節洄游遷移，孵化後五、六年，生殖腺開始發育。每年十月至翌年一月的秋、冬季節，當海水溫度驟降、冷鋒來臨時，中國大陸沿岸的烏魚群便隨著洋流南下，在台灣西南部沿海產卵。在台灣，烏魚隨著生長情形而有不同的名字。體長約十五公分的烏魚，叫豆仔魚；長到三十公分以上的，叫烏仔魚；更大且可以取卵的，叫烏魚。以愛吃魚出了名的日本人，由於從三百多年前起，便開始烏魚子的加工，對烏魚相當了解，因此將烏魚分類得更細，共分成六大類：未滿一年的；體長約二十公分的；兩年後體長約三十公分的；生長三年、體長四十公分的；五年後、體長超過五十公分的；及產卵後傷痕纍纍的。烏魚的全身每一部分幾乎都可以利用，但仍以烏魚子最受青睞。日本有句成語「烏魚親子」，比喻笨父生賢子。

烏魚子就是烏魚的卵巢，它的醃製相當費工。首先要小心翼翼地取出雌魚整個卵巢，綁線、清洗、去血後，用鹽醃漬約一個星期，再浸水一天脫鹽，用板子輕壓整形，然後在不直曬陽光的情況下曬乾。在曬製的過程中，烏魚子會出水、出油及產生鹽晶，因此要適時地擦拭翻面，晚上收回再用木板壓平整形。最近出現一些以鰆（馬甲魚）、鱈魚的卵為材料的假烏魚子，它們的價格當然便宜些，但口感、味道還是讓人感受到一分錢一分貨。其實烏魚子的製造歷史相當久遠，早在古代的埃及及希臘即有製造記錄，今日地中海沿岸各國製造及食用烏魚子的風氣仍很盛行。

既然提到台灣名產烏魚子，不提也是「殺魚取卵」的俄羅斯名產魚子醬（caviar），似乎有欠公平。魚子醬是用鰈鮫（鱘魚）的卵製作的。牠雖然名為鰈鮫，但與鯊魚幾乎沒有類緣關係，只是體形像鯊魚，且體側中央部有一排菱形的鱗片，形狀似蝴蝶，而得此名。鰈鮫已知有二十六種，其中最有名且最珍貴的是分布於裡海附近的大鰈鮫，體長達三、四公尺，體重約三百公斤，但最大型者可長至九公尺，重達一千公斤以上。牠的尖嘴下面有四支肉質的觸鬚，以此尋找食物，再用可以伸縮的口吻吸進蚌蛤、小蝦、小魚等小動物。

雖然鰈鮫的用途頗多，魚肉可食用，在古羅馬時代曾是最高貴的食物之一；魚鰾可提製具特殊功能的黏著劑、防水材質，或使白葡萄酒清澄的除濁劑等；然而最大的用途仍是醃漬魚卵，做成魚子醬。不過，魚子醬的製造及高價化遠比烏魚子晚，詳細年代不可考，僅知古羅馬時代，為了讓羅馬皇帝吃到最新鮮的鰈鮫肉，一捕獲魚便將魚卵及內臟除掉，魚卵就順理成章地成為當地人的食物。

魚子醬依鰈鮫的分布地域及醃製方法而呈各種顏色，有褐色、略帶黑色、金黃色等，前面提的大鰈鮫由於二十歲才算發育完成，年齡達六十歲以上魚卵才能被用來做成魚子醬，每年全球捕獲數不過一百條左右，因此用牠的卵做成的魚子醬等級最高，最昂貴。

由於魚子醬已成為奢華享受的代表，與烏魚子一樣，也有以其他魚卵製成的代用品，當然味道一樣不如正牌的好。

【寧為雞口，不為牛後】

比喻寧願在小場面中作主，不願在大場面聽人支配。又作「雞口牛後」。

這則俗諺出自《戰國策．韓策一》：「臣聞鄙語曰：『寧為雞口，無為牛後。』今大王西面交臂而臣事秦，何以異於牛後乎？」雞的口雖然小，但負責啄食，比牛負責排泄的大肛門，要乾淨得多，所以寧可當雞口，也不當牛後。這樣的觀點普遍存在我們的社會中，常可以聽到有人用這句話「明志」或供人作建議。其實雞口、牛後，各有不同的角色與功能，孰優孰劣，見仁見智；小團體好，還是大機構好？其實因人而異，和個人的性向、能力及心態大有關係。

跟雞有關的成語不少，如「鼠肚雞腸」、「雞犬不寧」、「鶴髮雞皮」、「鶴立雞群」、「雞毛蒜皮」、「雞蟲得失」、「雞鳴狗盜」、「雞飛狗跳」、「雞零狗碎」、「縛雞之力」、「偷雞摸狗」、「殺雞儆猴」等，跟雞有關的俗諺更是一大堆。本來嘛！雞是很重要的家禽，公雞啼曉、母雞生蛋，雞蛋和雞肉都是美味的食材，但正因為那麼常見及小型，在人們的心目中，似乎就沒那麼有價值，有時甚至被矮化，這從前面所列的成語可略見端倪。雖然如此，每逢雞年，人們還是免不了以雞為祥禽，取雞的音來象徵「吉」，對雞大肆吹捧，期待雞年大吉大利。

養雞的歷史可以追溯到四千多年前在亞洲南部開始馴養野雞，此後西移到中亞、埃及，又東遷到中國中原地域。在三千多年前的殷商甲骨文中就有「雞」這個字，《周禮．天官》中已有六牲的記載，即「馬、牛、羊、雞、犬、豕（豬）」，不過《國語．楚語下》記載「天子食太牢」的三牲是指「牛、羊、豬」，並提到「諸侯食牛，卿食羊，大夫食豕，士食魚炙，庶人食菜」的飲食等級。雞之所以不在三牲之列，或許是因為祭祀時必須用整隻動物，以表示崇敬之念，然而雞的體型太小，與全豬、全羊相比，全雞顯得不夠體面，進而出現對雞的輕視吧。在中國以外的地區，雞受到如何的待遇呢？

初期養雞技術不發達時，雞不容易大量飼養，大多用於鬥雞、祭祀或早晨報時刻，這些都算「要職」，所以雞所受的待遇應該不差吧。古時候的肉用鳥應是以野鴨、雁為主，因為牠們具群聚性，行動比雞遲鈍，容易遭人大量捕獲，在公元前二千年，埃及人已將野雁馴養為家禽——鵝，在當時留下來的多幅埃及壁畫中，已出現養鵝、蒸燒鵝的場景，當時的埃及甚至已開發出一次可孵化上千粒鵝卵的人工孵化裝置。在希臘時代，鬥雞是激起士兵鬥志的重要節目之一。為了紀念公元前四七九年大勝波斯軍隊的輝煌戰績，希臘各城邦每年都舉辦一次鬥雞大賽。其實崇拜雄雞的風俗，在波斯也一樣。尤其拜火教徒把雄雞奉為「神聖一天的告知者」，把牠當作太陽的化身，也因為這樣，他們不吃雞肉。

養雞發祥地之一的印度，對雞也頗為重視，以雞的一些生活習性，來規定修道者該有的作息，例如：一、如雞定時回巢休息、起床鳴叫，修道者也應定時到寺廟修道，並效法雞規律地作息；二、如雞不斷地搔地覓食，修道者也應不斷地反省自己的行為，力求上進；三、雞雖有眼睛，在夜晚視而不見，修道者對色欲、物欲，也應如盲目之人視若無睹，不可被這些欲望所左右。

在中世紀，為了避邪，歐洲許多教堂的十字架上，都加了一隻雄雞的像。在中國為何有這麼多貶視雞的成語，是否真的因為牠的身體比牛、豬小，而且叫得太喧騷？在土耳其，有「今日的一隻雞勝過明日的一隻鵝」的俗諺，用來形容現有的東西勝過尚未擁有的，看來雞在土耳其也受到鄙視？

後記

終於做完兩書二百零七則動物成（諺）語的「驗明正身」工作了。脫稿的那一刻，我的心情真是輕鬆無比。說起這段過程，可謂「苦中有樂」、「樂中有苦」。說「樂」，當然是因為我在撰寫的過程裡，涉獵不少新知；說「苦」，最重要的原因是，這些成語涉及的層面相當廣泛，對才疏學淺的我而言，是極大的挑戰，同時也深深感覺自己中文素養的不足。令我大傷腦筋的還有，如何為這些有趣且實用的成語排順序。

由於中國博物學的起源在本草學，我索性參考它，將本書分成獸、鳥、魚、蟲四大部分，另外加上包括龍、鳳在內的傳說動物，合計五大類。其中，「蟲」的範圍較廣，除了昆蟲外，還包括爬蟲、兩棲、蜘蛛、貝類等。不同於一般中文詞書照部首或筆畫的做法，各大類之下動物的出現順序，主要依據現今動物分類系統的原則排列，盡量從高等排到低等。所謂的「高等」，指的是「較進化」，「低等」是指「原始型」。跟該動物有關的成語，則單純地以筆畫多少來決定順序，字數超過四字的成語放在最後。此外，書中只針對較特殊或中文名尚不統一的動物附上學名，一般性的動物或大家比較熟悉的動物就不列學名。

在自序中我曾提過，跟動物有關的成語超過一千條，這兩本書僅列出其中的二百零七則，除了因為有些成語意思很類似，我便挑選其中一則來談，如「對牛彈琴」、「對牛鼓簧」、「對驢撫琴」，我僅選擇「對牛彈琴」，主要在於篇幅及時間所限。像「膽小如鼠」、「鴉巢生鳳」、「庖丁解牛」、「風馬牛不相及」等我們很熟悉的許多成語，在本書並未提到，只能以遺珠之憾視之，若還有時間容我繼續執筆，我會逐一介紹它們，但我更期待有人能就未提的成語，著手寫出比本書更精采的成語趣譚或散文，甚至推出「動物成語大全」。

由於每則成語單元基本上以一千字為原則，因此不少篇章只是借題發揮，點到為止，意猶未盡。以猴子為例，可以談的很多，包括猴子的分類地位，每種猴子的分布情形及特徵、生活習性，各種猴子間的類緣關係，及現在甚受專家重視的社會結構及行為機制等，但為了不使成語失焦，淪為配角，我盡量扣緊成語來談。有些成語我並非從表面的字意來談，而是天馬行空地引申到其他動物，看似「掛羊頭賣狗肉」，不過細心的讀者會發現其中還是有一些道理或關聯。

在此要特別向以下幾位學術界、保育界先進致謝：李玲玲、李偉文、林良恭、金恆鑣、洪蘭、陳寶忠、劉小如等教授及先進（謹按筆劃排），他們願意推薦本書，不僅令我受寵若驚，也讓我覺得欣慰和倍受鼓舞。

感謝為本書撰寫推薦序的國立中興大學昆蟲學系楊曼妙教授。談到與楊教授的情誼，可以追溯到一九八五年間，當時她正在探討桑木蝨複合種生殖隔離的問題，我們時有切磋的機會。她那開朗可親的態度，始終令我印象深刻。她擠出時間，為本書寫一些介紹，令我感動，在此表達我由衷的謝意。

最後也要感謝張碧員、游紫玲兩位編輯小姐，在本書撰寫期間，給我許多的支持和鼓勵，並提供一些寶貴的意見。徐偉先生對書稿的精心編排，及接納我要求的雅量，也令我感佩萬分。沒有他們甘心樂意的付出，這本書是出不來的。

綠指環百聞館 06

成語動物學【鳥獸篇】

閱讀成語背後的故事

作者——朱耀沂
繪圖——朱耀沂
主編——張碧員
責任編輯——劉枚瑛
特約編輯——游紫玲、連秋香

版權——黃淑敏、吳亭儀、邱珮芸
行銷業務——黃崇華、周佑潔、張媖茜
總編輯——何宜珍
總經理——彭之琬
事業群總經理——黃淑貞
發行人——何飛鵬
法律顧問——元禾法律事務所 王子文律師
出版——商周出版
台北市104中山區民生東路二段141號9樓
電話：(02) 2500-7008　傳真：(02) 2500-7759
E-mail：bwp.service@cite.com.tw
Blog：http://bwp25007008.pixnet.net./blog
發行——英屬蓋曼群島商家庭傳媒股份有限公司城邦分公司
台北市104中山區民生東路二段141號2樓
書虫客服專線：(02)2500-7718、(02) 2500-7719
服務時間：週一至週五上午09:30-12:00；下午13:30-17:00
24小時傳真專線：(02) 2500-1990；(02) 2500-1991
劃撥帳號：19863813　戶名：書虫股份有限公司
讀者服務信箱：service@readingclub.com.tw
城邦讀書花園：www.cite.com.tw
香港發行所——城邦(香港)出版集團有限公司
香港灣仔駱克道193號超商業中心1樓
電話：(852) 25086231傳真：(852) 25789337
E-mailL：hkcite@biznetvigator.com
馬新發行所——城邦(馬新)出版集團【Cité (M) Sdn. Bhd】
41, Jalan Radin Anum, Bandar Baru Sri Petaling,
57000 Kuala Lumpur, Malaysia.
電話：(603)90578822　傳真：(603)90576622
E-mail：cite@cite.com.my

封面設計——廖韡
內頁編排——copy
印刷——卡樂彩色製版印刷有限公司
經銷商——聯合發行股份有限公司　電話：(02)2917-8022　傳真：(02)2911-0053

2007年（民96）1月初版
2020年（民109）9月1日2版
定價399元　Printed in Taiwan　
ISBN 978-986-477-865-2　城邦讀書花園 www.cite.com.tw

國家圖書館出版品預行編目(CIP)資料
成語動物學. 鳥獸篇 / 朱耀沂著. -- 2版. -- 臺北市：商周出版：家庭傳媒城邦分公司發行, 民109.09
384面；14.8×21公分. --（綠指環百聞館；6）　ISBN 978-986-477-865-2（平裝）
1. 漢語　2. 成語　3. 動物　4. 通俗作品　802.1839　109008536

鳥獸

鳥獸